團購美食go

Part3 口碑精華版

朱雀文化

魔鬼甄@ 口碑精華版
團購美食go Part 3
Content

Part 1
最夯火紅好貨

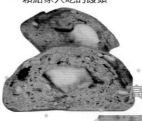
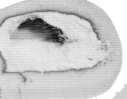

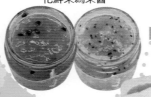
作 者 魔鬼甄	劃撥帳號 19234566
攝 影 鳥先生	朱雀文化事業有限公司
文字編輯 劉曉甄	e-mail redbook@ms26.hinet.net
美術編輯 鄭小桃	網 址 http://redbook.com.tw
企畫統籌 李 橘	總經銷 展智文化事業股份有限公司
發行人 莫少閒	ISBN 978-986-6780-40-0
出版者 朱雀文化事業有限公司	初版一刷 2008.12
地 址 北市基隆路二段13-1號3樓	
電 話 （02）2345-3868	定 價 179元
傳 真 （02）2345-3828	出版登記 北市業字第1403號

國家圖書館出版品預行編目資料

團購美食go！口碑精華板 Part3：
魔鬼甄著.─初版─台北市：
朱雀文化，2008〔民97〕
面； 公分， --（volume；05）
ISBN 978-986- 6780-40-0
（平裝）
1. 餐飲業 2.台灣
483.8　　　　　　 97020870

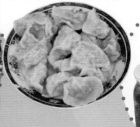

團購成癮，狂買成病！
斷貨會鬱卒，就是愛團購

　　一直以來，愛吃就是我的本性，就連身體不舒服的當下，也從來不會發生沒胃口吃不下這檔事！縱使臉再白、頭再暈，聽到有好料的，還是會彈起身忍著吃完再躺下，所以交往多年，鳥先生完全了解當我處於blue或急須紓壓解套或想慶祝的時候，最好的辦法就是端上香噴噴的食物。所以冰箱裡永遠塞了一堆東西，隨時視女主人的心情而伺機待命。於是一個願買一個願吃，短時間內又累積不少團購心得，感覺上出個第4本也不成問題。

　　而或許是因為消費型態的轉變或不景氣的因素，越來越多商家投入網購的行列，做起團購生意，也因為網友的到相報及出書增加曝光的機會，現階段有不少廠商找上門來。

　　網誌的留言版幾乎被試吃留言攻佔，Gmail信箱每天都有新的試吃來信問候。但礙於職業婦女可用的時間少之又少，實在無法全盤接受試吃，初步僅能挑有興趣的商品下手，對於那些一而再再而三來信或留言詢問的店家感到抱歉。而在眾多試吃品當中，不乏出現令人驚豔的產品，也一併收錄在這本書中，分享給大家。

　　鑑於前兩本的銷售經驗與市場觀察，編輯曉甄擬定的第3本方向就是PK再PK，整本書大對決、大集合個沒完。由於單篇商品較好整理速度也快，但系統性要整理的東西就相對花時間，於是這本書從4月談定，預計6月結稿，硬是被我自動展延4個月，一直到10月才交稿完畢，作業期長達7個月。

　　新書除了以PK文為大宗之外，更把網友最直接真實的留言整理進去。自從在網路上寫部落格當作生活記錄，除了方便自己日後看爽的，最大的收穫就是交到一群志同道合的好朋友。不論是吃喝玩樂損友或是同在育兒路上的媽媽們，更有許許多多尚未謀面的網友們，而他們毫不保留的經驗回饋及直言建議，更是大大補足我不足的部份。

　　另外，每次出書最頭痛的部份就是商品價格的資訊整理，物價波動已經好長一段時間，各商家幾乎每年甚至半年就會調整一次售價，有些更是3個月就調漲。而前陣子更因大陸毒奶事件，搞得人心惶惶，很多都不敢亂吃，深怕誤食中標。其實我跟鳥先生倒是老神在在，沒什麼在怕的，原因就是我們一直在試新的東西，很少重覆，所以不太會過量。當攝取的東西廣泛及多元時，有截長補短的作用，就算誤踩地雷，也不致全面引爆，算是安慰自己繼續吃喝的正當理由。

　　這本書的催生要感謝朱雀莫老闆的再三賞識及勇於投資，編輯曉甄、美編小桃的全力協助，當然更有不少好友、網友吃好到相報，甚至有的直接就買好送來我家，這裡就不一一列舉感謝，只能說你們的好意我都記在心裡。

　　還要感謝的是在我背後龐大的試吃團，有婆家、菜市場鄰居、公司同事等，大家都提供諸多意見，幫了不少忙，讓本書的試吃心得能更全面，不致太過主觀有失偏頗。

　　壓根沒想過團購美食能出到第3本，真的很謝謝大家的支持與鼓勵，我會一秉以往，繼續吃吃喝喝，做個稱職的報馬仔。

　　最後要提醒大家，每個人的口味都很主觀，鹹淡酸甜苦辣各有所好，主購在開團，或是團員跟團時，最好看清楚是不是自己所好的口味，因為別人眼中的美食，有時也會是自己的地雷。

作者簡介　關於魔鬼甄

從小就在尋覓巷弄美食中長大，現在生活以網購及辦公室團購為重心。團購目標鎖定美食小吃為主，不論中式、西式、零食點心或伴手禮，只要好吃的，統統來者不拒！在個人部落格中以團購美食部份最受注目，充滿點閱的人氣。最愛與大家分享她的團購經驗，是追逐團購美食的箇中好手。

個人部落格：魔鬼甄與天使嘉　http://www.wretch.cc/blog/bajenny

團購美食，台灣奇蹟！
給店家拍手，給全民加油

　　真沒想到《團購美食go！》會出到Part 3了！這是做編輯的我們始料未及的，當初的好奇，試探性地與魔鬼甄連繫，沒想到開啟了我們的合作因緣，也讓我們在團購這個世界開了眼界，不是很愛吃的編輯群，看到這些美食也不禁被勾起食慾，想嘗嘗那迷人的滋味！

　　自從出版了《團購美食go！》一書以來，不少媒體的專題，也開始炒起團購的話題來，同時部落客中也有不少人以團購為部落格的主要內容，然而朱雀文化卻一直很欣賞魔鬼甄的文筆，並認同她對團購的熱情。我們想，在團購的世界裡，大概沒有幾個人可以像她一樣這樣投入，她不僅愛吃、愛買，更愛與大家分享，大部份的團購商品，都是自己花錢買來嘗試，雖然這一年來，開始有廠商提供魔鬼甄試吃，但是她也有自己的原則，並不是來者不拒；而且即使有廠商的供貨，她自挑腰包團購其它商品的速度也有增無減，說她是團購達人，其實真的不為過！

　　我們相信，透過《團購美食go！》Part1及Part 2的介紹，紅了不少店家，但是我們從來不引以為傲，仍在這本Part3的編輯之路戰戰兢兢，深怕了弄錯什麼資訊、寫錯了什麼內容，讓廠商和消費者倍受困擾。為此，在出刊前編輯部一再詢問廠商資訊跟價位，希望盡量減少因物價上揚及資訊快速改變所帶來的謬誤。但是出版完前兩本書的經驗告訴我們，不少店家在走紅後，不論品質或服務態度卻漸漸走下坡，許多讀者及網友都上網反應或打電話至出版社告知：「×××不承認他們免運費說是你們亂報……」，「×××的服務態度變差……」，「×××的東西越來越小……」。面對這些負面評價，真希望店家能聽進去，畢竟好名聲建立本不易，千萬不要輕意破壞啊！

　　為感謝讀者的支持，在《團購美食go！》Part3這本裡頭，我們特別與一些店家談到了獨家的折扣優惠，也與「ihergo網站」舉辦了「2008最夯團購美食」票選活動，希望藉由這一個活動，為大家製造一點團購樂趣，在揪團與開箱之間，我們也來看看那幾項商品是既夯又長紅的熱銷商品。不論是書後的折價券，或是團購美食票選活動，這些都是編輯部為了回饋給讀者的一點點用心，希望大家感受得到！另外，也再次地提醒大家，物價變動極大，雖然在出刊前，編輯部已盡可能確認所有價格的正確性，但相信在物價波動快速的現今社會，可能還是有商品因原物料的漲跌而使售價有所變動，甚至有些商家因不明原因暫停營業；因此請大家團購前務必再確認各項的售價及運費。

　　最後，感謝魔鬼甄文情並茂的文字，鳥先生精采萬分的美食圖片，還有各個店家鼎力配合，願意授權產品的肖像權予我們，因為有你們大家的幫忙，讓我們成就了這本書，也讓在這一片不景氣的生活中，激起一點快樂的連漪。團購美食真是台灣奇蹟呀！讓我們給店家拍手，給全民加油！

2007~2009年 熱門團購美食

●排列項次以西式糕餅、滷味、鹹食、零食點心及冰品水果等大類，再依同項產品及價格高低來排序，與喜好名次無關。

詳細介紹
請見
《團購美食go!》
Part2
P.24

洪瑞珍三明治

簡單三明治的無敵美味，冰冰的吃更是軟綿有彈性的好吃。

詳細介紹
請見
《團購美食go!》
Part2
P.14

星野大福

水準一貫，內與外的完美結合，魔鬼甄最愛芝麻餡。

詳細介紹
請見
《團購美食go!》
Part1
P.34

新美珍布丁蛋糕
原味及黑糖口味

軟綿爽口，平價美味，網路佳評如潮。

詳細介紹
請見
《團購美食go!》
Part3
P.51

法蘭司維也納牛奶麵包

吃完一陣子還是滿嘴油油香香的奶油味。

詳細介紹
請見
《團購美食go!》
Part3
P.34

巴特里餐包

特殊風味的奶油香，網路團購新寵兒。

詳細介紹
請見
《團購美食go!》
Part3
P.18

諾貝爾草莓奶凍捲

奶凍算是新鮮的賣點，吃起來像較黏稠的奶酪，口感特別。

詳細介紹
請見
《團購美食go!》
Part3
P.87

均鎂北海道戚風蛋糕

蛋糕與奶油的比例相當，蛋糕體不會過濕或太乾，人氣嗆嗆滾～

詳細介紹
請見
《團購美食go!》
Part1
P.24

福利奶油大蒜法包

邊吃邊讚，香酥誘人一口接一口，征服挑剔者的胃。

詳細介紹
請見
《團購美食go!》
Part1
P.29

香帥芋頭蛋糕

三層海綿蛋糕加上二層厚實芋泥，芋泥厚度直逼海綿蛋糕，實在驚人！

Top50

詳細介紹
請見
《團購美食go!》
Part3
P.32

良美
奶油餐包

奶油似泉湧，美
味肥滋滋的，口
味多變化。

詳細介紹
請見
《團購美食go!》
Part2
P.16

寶珍香
桂圓蛋糕

轟動全國大街小巷都照著做
的超人氣點心始祖。

詳細介紹
請見
《團購美食go!》
Part2
P.83

大元餅行
鹹蔴薯

古早味十足，手工現包現做，
Q軟好口感，鹹甜好滋味～

詳細介紹
請見
《團購美食go!》
Part1
P.17

北海道
千層蛋糕

半退冰的千層蛋
糕類似冰淇淋的
口感，濃濃奶香
化嘴柔。

詳細介紹
請見
《團購美食go!》
Part1
P.27

芝玫
輕乳酪蛋糕

細細綿密的夢
幻口感，低脂
低糖，女生的
最愛。

詳細介紹
請見
《團購美食go!》
Part3
P.15

大溪香草
AMY乳酪球

香濃進口起司，香醇耐吃
不帶甜膩。

詳細介紹
請見
《團購美食go!》
Part3
P.20

高雄旗津
正家興蛋糕
藍莓&橘子口味

雙層鮮奶油，一吃難忘
的平價平實美味。

詳細介紹
請見
《團購美食go!》
Part3
P.46

伴點泡泡
原味泡芙

內餡飽滿，服
務態度佳的好
吃泡芙。

詳細介紹
請見
《團購美食go!》
Part1
P.41

台南
烤布丁

雞蛋味濃厚質
地緊實，焦糖
部分則苦甜適
宜，吃一個就
會有飽足感。

詳細介紹
請見
《團購美食go!》
Part1
P.94

小潘
鳳梨酥

平價送禮NO.1選
擇，「巷子裡的
人」才知道的好
物。

詳細介紹
請見
《團購美食go!》
Part3
P.41

Siki
香蕉戚風

手工+低糖+低卡，高
品質健康味，捨不得
與人分享的美味

2007～2009年 熱門團購美食

詳細介紹
請見
《團購美食go!》
Part2
P.60

小春園鴨舌
&涼筍

鴨舌不帶氣管，
肉多脆嫩，夏季
限定滷竹筍，脆
度口感沒話說！

詳細介紹
請見
《團購美食go!》
Part3
P.16

阿舍食堂
原味&麻辣
台南意麵

比袋裝泡麵還便
宜，調味清爽，
隨手來一包，滋
味滿分。

詳細介紹
請見
《團購美食go!》
Part1
P.98

東海雞腳凍

重口味的平價小吃，吃了不煞嘴……

詳細介紹
請見
《團購美食go!》
Part1
P.68

鹿港老龍師肉包&鹹蛋糕

顧不得燙手燙嘴也要吃，鹿港純手工古早味。

詳細介紹
請見
《團購美食go!》
Part3
P.27

台南後壁
冰糖醬鴨

外皮有油亮亮的冰糖
醬汁凍，出乎意料的
好吃，味道甜甜的，
不死鹹。

詳細介紹
請見
《團購美食go!》
Part2
P.74

正宗老牌阿給

老牌阿給的獨到之處不在辣
醬，而是封口的魚漿和口感實
在的油豆腐。

詳細介紹
請見
《團購美食go!》
Part3
P.14

方王媽媽
堅果饅頭

每口都吃得到
各式堅果和葡
萄乾，愈嚼愈
香甜，重量和
價格成正比。

詳細介紹
請見
《團購美食go!》
Part1
P.74

基隆旺記
小籠湯包

大小一致顆顆飽滿，滿溢
的湯汁實在是令人驚艷～

詳細介紹
請見
《團購美食go!》
Part1
P.80

趙記特級
黑糖饅頭

傳統老麵發酵，多
層次嚼感，愈嚼愈
香愈甜。

T p 50

詳細介紹
請見
《團購美食go!》
Part2
P.78

泉利米香

口感香酥不黏牙，口味多樣，傳統創新選擇多，拌手自用兩相宜。

詳細介紹
請見
《團購美食go!》
Part3
P.70

喜樂保育院愛心韭菜水餃

粒粒飽滿，形狀漂亮，皮雖然不厚但彈性佳，不沾醬入口就很夠味！

詳細介紹
請見
《團購美食go!》
Part1
P.22

佳樂草莓蛋糕

酸甜新鮮的草莓配上鮮奶油，讓人忍不住一口接一口，完全不膩口。

詳細介紹
請見
《團購美食go!》
Part3
P.74

天使雲吞

除菜肉餡飽足好吃夠味之外，餛飩皮外皮口感Q滑，不會爛爛的。

詳細介紹
請見
《團購美食go!》
Part1
P.83

福美軒金牛角

外觀金黃飽滿，用料紮實有彈性，滿口滿手奶油香久久不散。

詳細介紹
請見
《團購美食go!》
Part1
P.43

黑師傅黑糖捲心酥

濃濃的黑糖香，餡料分布均勻，製作技術優。

詳細介紹
請見
《團購美食go!》
Part3
P.99

Jack烘培坊泡菜

泡菜都是一整大片。口味特殊，辣度中上，醃泡菜的辣椒醬極好吃。

詳細介紹
請見
《團購美食go!》
Part2
P.91

今日蜜麻花

香酥脆不黏牙，麥芽糖膏甜而不膩，芝麻香濃厚，重度嗜甜者必嘗。

詳細介紹
請見
《團購美食go!》
Part2
P.31

伊蕾特布丁

「不加一滴水」的特色充分感受到店家製作的用心及用料實在。

詳細介紹
請見
《團購美食go!》
Part1
P.86

許義魚酥

不論口感和魚鮮味都大大出色，每日限量生產，賣完收工。

詳細介紹
請見
《團購美食go!》
Part1
P.54

葛媽媽薑母鴨

湯頭甘甜順口，幾乎沒有中藥味和酒味，加熱時就滿室生香。

2007～2009年 熱門團購美食 Top50

詳細介紹
請見
《團購美食go!》
Part1
P.89

奕順軒起司&
鮮奶牛舌餅

香脆酥超薄口感，起司帶點鹹味越吃越夠味，鮮奶香醇略帶甜味。

詳細介紹
請見
《團購美食go!》
Part2
P.29

COSTCO
松露巧克力

外層微苦的巧克力粉，搭配細緻微甜的質地，吃完4顆還意猶未盡。

詳細介紹
請見
《團購美食go!》
Part2
P.52

蓋世達人
龍蝦沙拉

蝦卵和龍蝦肉混搭出豐富口感，是方便又美味的好東西。

詳細介紹
請見
《團購美食go!》
Part1
P.38

日出大地
原味牛軋糖

質地柔軟，一經咀嚼奶香全化在嘴裏，微甜但不黏牙，越吃越順口。

詳細介紹
請見
《團購美食go!》
Part3
P.12

台灣菸酒紅麴養生薄餅

紅遍全台超夯團購品，吃的健康又輕盈。

詳細介紹
請見
《團購美食go!》
Part3
P.77

蕃茄主義奶酪

香醇濃郁的奶味，一試就知用料十足，錯過會心痛～

詳細介紹
請見
《團購美食go!》
Part2
P.89

瑪露連
嫩仙草

口感超嫩超會抖動，整塊都可以滑進喉嚨，不加奶就很好吃……

詳細介紹
請見
《團購美食go!》
Part1
P.38

米提爾牛軋糖

奶香濃郁，夾雜杏仁粒的牛軋糖口感紮實，感覺上用料很實在。

詳細介紹
請見
《團購美食go!》
Part3
P.26

蘿拉手工
焦糖核桃&
紅豆牛奶抹醬

焦糖核桃抹醬核桃多，焦糖香氣濃！紅豆牛奶抹醬口感綿滑好吃。

詳細介紹
請見
《團購美食go!》
Part3
P.24

Sofia義大利
手工冰淇淋
皇家烤杏仁&紅心芭樂口味

烤杏仁聞起來跟吃起來都很香，紅心芭樂裡面還會帶幾顆小芭樂籽。

Part1
最夯火紅好貨

團購超級火紅好貨 讓你每樣都愛不釋手

台灣菸酒紅麴養生薄餅・台南連得堂煎餅・方王媽媽堅果饅頭・大溪香草AMY乳酪球・阿舍食堂乾麵・諾貝爾奶凍捲・高雄正興家蛋糕・新竹Sofia義大利手工冰淇淋・阿姿調味海鮮・台南後壁冰糖醬鴨・蘿拉果醬・俄羅斯軟糖

最近同事和鄰居陸續購入整箱的台灣菸酒紅麴養生薄餅，鄰居分了4小盒給我們試試。這款商品最近紅到不行，幾乎到了人手一包的境界，因為難訂，不僅網路代訂火紅，就連傳統菜市場也有攤販拿來賣！

廠內員工照排隊
台灣菸酒
紅麴養生薄餅

紅麴養生薄餅從外盒包裝上看來是台灣菸酒公司林口酒廠出品，由掬水軒食品有限公司生產製造，強調100%純天然紅麴精製(素食亦宜)，不含人工色素。一箱12盒，一盒裡面有6包，每包裡面有5片，允嘉一次要吃兩包才喊停。

左邊是餅乾背面，右邊是餅乾正面，紅麴養生薄餅呈暗紅色，餅乾表面有砂糖及白芝麻的顆粒，口感薄脆，嚼起來有一點點芝麻的香氣，沒有其他特殊的味道，但允嘉愛得很，最近下課後的點心都指名要吃這一味。

其實鄰居還沒拿來時，我就先在同事的座位旁瞧見3大箱宅配過來的盒裝，一向愛湊熱鬧的我，馬上上前探查是什麼好物，她說這是公公及小兒子最愛吃的餅乾，因為親戚就在公賣局上班，託他宅配過來，她說這商品問市之初，1箱只要340元，目前1箱已漲到400元，有消息來源指出，還有可能漲到420元，於是先買3箱放著慢慢吃。

允嘉的最愛！

有時候下班回家肚子餓得緊，我就會跟阿嬤指定要吃那個紅紅的餅乾，不過一次只能吃一包，因為阿嬤說等一下要吃飯！

初嘗這款紅麴薄餅時，讓我想到福義軒的鮮奶薄餅，這兩款的口感差不多，只是大小有差(福義軒的比較大片)！我個人試吃後並沒有特別的感覺，所以只要家裡有貨，就完完全全奉獻給兒子及好友一家。

團購達人 真心話

這餅乾征服了一向最會放炮的好友燕子，連帶她家的丸子三兄弟也愛的緊，上次她一出聲，老公Jason馬上拜託住在林口酒廠附近的同事去買，沒想到現在熱賣到不行，還搞個每天限時限量的銷售方式。

information

品項	售價	運費	保存期限
		1～2箱：約160元	
紅麴養生薄餅	400元／12盒(1箱)	3～4箱：約200元	9個月
		6～8箱：約240元	
		運費到付	

呼朋引伴一起來！ 97年10月30日製表

店家資訊
台灣菸酒公司紅麴養生薄餅
網址：http://www.ttl.com.tw/home/home.aspx
地址：桃園縣龜山鄉文化一路55號
電話：(03)328-3001轉380、404

貼心的妹妹Summerset帶來了不容易入手的團購美食「台南連得堂煎餅」，因為是手工老烤爐少量製作，宅配下單通常要等上幾個月(特殊口味還要等更久)，如果是現場排隊購買，一人只能限購兩包，口味限定原味(雞蛋)。

吃煎餅兼瘦臉
台南連得堂煎餅

Summerset一次貢獻了3種口味：原味(雞蛋)、味噌和花生煎餅，大感恩！

雞蛋煎餅 25元／一包／6片

正面有連得堂煎餅印記，鹹中帶一點點甜味，口感硬脆，允嘉咬了一口就投降，鳥先生直呼賺到了！

魔鬼甄的最愛！
薄脆的味噌煎餅，比較適合女人及小孩的牙，果然是難養的一群。

味噌煎餅
35元／一包／12片

鳥先生的最愛！
需要使勁用力一咬的雞蛋或花生煎餅，這種硬脆紮實的口感，完全考驗出門牙的健康程度！

味噌煎餅因為形狀比較特別，也比較薄，所以一包裡面會有不少煎餅斷裂不成型。鹹味比雞蛋煎餅高些，吃起來沒那麼甜，因為比較薄脆，咬起來沒有原味和花生煎餅硬，所以允嘉這回就一口接一口全包了。

花生煎餅 25元／一包／6片

花生不多，但整個餅還是香氣十足，口味跟雞蛋煎餅差不多。

雖然對其他口味如海苔與芝麻煎餅很有興趣，但一想到要等更久，這輩子大概無緣嘗到了！

information

呼朋引伴一起來！ 97年10月30日製表

品項	售價	運費	保存期限
雞蛋煎餅	25元／6片	30包／約120元	兩個月
花生煎餅			
味噌煎餅	35元／12片		兩個月

店家資訊

連得堂餅家
地址：台南市北區崇安街54號
電話：(06)225-8429、(06)228-6761
營業時間：08:00～22:00

團購達人 真心話

連得堂手工煎餅，不論包裝和口味都有傳統老店的味道，口感硬脆，原味餅香十足，和市面上精密調配出來的餅乾完全不同，堅持傳統古早配方手工限量生產，應該是最可貴之處。

方王媽媽堅果饅頭是好友燕子大力推薦的宅配美食，在電視上也看過很多節目的報導，之前因為價格因素，一直遲遲未下訂，但終究還是敵不過美味的報導忍不住下訂敗入。

一顆給家人吃的饅頭
方王媽媽堅果饅頭

方王媽媽堅果饅頭專用宅配箱，一箱可裝30顆，也是最低訂貨門檻。分成4包裝，每包裡面都附有名片。

魔鬼甄與允嘉的最愛！
睡前懶得煮東煮西時，加熱饅頭實在是再方便不過的選擇！

這饅頭直徑約8公分，跟一般包子差不多大，但重量很沈，非常紮實，重點是一顆賣價35元，重量和價格成正比。不論是冷凍或冷藏狀態，外觀看來都不怎麼誘人。剖開後，這才發現裡頭大有文章，裡頭夾有各式堅果和煙燻起司，可以直接切片烤來吃。

查了一下官網，方王媽媽堅果饅頭比一般饅頭多了堅果的纖維和營養，堅果種類有黃金豆、葵花子、南瓜子、松子、杏仁、腰果、葡萄乾，嗑完一顆飽足度極高，真的蠻適合當作輕食或給小朋友食用。

團購達人 真心話
原以為自己不會喜歡這種標榜健康取向的饅頭，沒想到卻意外耐吃，連續好幾天睡前夜宵點名它！看到官網還有出手提10顆裝禮盒，饅頭能賣到拿來送禮，可見店家的信念：「這是一顆給家人吃的饅頭」有傳達到消費者的心中。

BOX官方的加熱法有兩種：
1. **電鍋蒸熱法**：電鍋1杯水，跳起後鍋蓋微開，讓蒸氣散開。
2. **蒸籠加熱法**：大火直接蒸10～15分鐘。
3. **烤箱烤熱法**：切4片，烤箱烤6～7分鐘。

但我們採用懶人加熱法，直接微波80秒(800W)，加熱後表皮略濕，會有點影響口感，裡面雖然不會很燙，但也算加熱完成。

雖然饅頭外觀看起來凹凸不平，賣相不太優，外皮偏濕黏算是個小缺點，但饅頭本身的咬勁口感均佳，用料十分紮實，每口都吃得到各式堅果和葡萄乾，而且愈嚼愈香甜，中間的起司塊不會很鹹，拉絲不是重點，重點在調和饅頭甜度與增添不同的口感與風味。

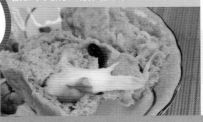

呼朋引伴一起來！ 97年10月30日製表

品項	售價	運費	保存期限
方王媽媽堅果饅頭一招牌口味	35元／顆 約150克 (4兩)	台灣本島未滿100顆：140元 100顆～：免運費 離島：不論饅頭數量一箱運費300元 一箱最多120顆	冷藏5天 冷凍15天

店家資訊
方王媽媽堅果饅頭
官網：http://www.a22255663.com.tw
地址：台北縣中和市立德街98巷72號
接單時間：09:00～21:00（週一～週五）
自取時間：10:00～19:00（週一～週五）10:00～17:00（週六）
訂購電話：(02)2225-5663

有回和好友小芷前往桃園半日遊，小芷推薦大溪在地香草AMY的手工乳酪球，可惜當日因為時間的關係，無法繞路去帶。但該來的總是會來，我們還是找了機會買來吃。

一口吃下黃金乳酪
桃園大溪
香草AMY乳酪球

香草AMY已從原本的民權路地點，遷移至大溪中央老街，由於黃金乳酪球已經是熱門團購產品，所以想要安排大溪一日遊順便帶個幾盒走的話，最好事先電話預約，以免空手而回。

從剖面圖看來，乳酪球的上層是乳酪，下層是餅乾底，食用時不太會掉屑，餅乾底夠穩固。

乳酪球的開箱照，上下層各16顆，每顆均為一口吃Size(比50元硬幣略大一點)，相當的小巧可愛，食用很方便，連允嘉也能自己拿著吃。

鳥先生的最愛！
冰過後的口感，乳酪紮實但又不致過硬，吃起來格外爽口。

魔鬼甄與允嘉的最愛！
室溫和冰過的口感都還不錯，但我跟允嘉比較喜歡吃退冰後回軟的綿密口感。

由於當天購入時是在旅程當中，無法保冷，店中亦無提供保冰袋，有一段時間都是處於退冰狀態。在室溫下食用，乳酪球口感偏軟，冰到冰箱後乳酪的口感就變得比較紮實一點，我跟允嘉還覺得有點硬呢！

團購達人 真心話
順口不膩，乳酪非重口味，蠻耐吃的，但真要說多好吃，倒也還好。不過後來陸陸續續吃過幾間知名麵包店做的乳酪球，不論外觀還是口味，香草AMY真的有其獨到之處。

呼朋引伴一起來！ 97年10月30日製表

品項	售價	運費	保存期限
黃金乳酪球	220元／盒／32個	1～3盒：145元 6～15盒：200元 16盒～：255元	冷藏3天 冷凍7天
蛋型日式烤布丁	200元／盒／9個		
香草起司棒	200元／盒／5個		

店家資訊
香草Amy手工乳酪蛋糕
網址：http://www.vanilla-amy.com/
地址：桃園縣大溪鎮中央路183號
電話：(03)388-7553、0912-512-303
時間：09:00～21:00 （週三公休）

近期團購的美食裡面，阿舍食堂的乾麵是回購率極高的一味，身邊的友人也掀起一波波開團風，揪團容易提貨難，因為下單後得耐心等，因為等待期5個月以上。

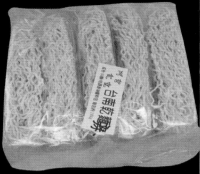

隨手來一包 滋味滿分
阿舍食堂乾麵

阿舍食堂的乾麵內容物很簡單，除了麵條之外，只附上一包醬包，口味烹調和調味都相當簡易。

因為網路上普遍都說阿舍的麻辣乾麵辣度中等，所以我們這次只訂了原味和麻辣口味一探究竟。

入門須知：

1. 麵條種類：
台南乾麵、外省乾麵、客家粄條和麻油麵線，都是很簡單的白麵條；其中台南乾麵是細麵，外省乾麵是中寬麵。

2. 麵條粗細：
麵線當然是最細的、台南乾麵次之、外省乾麵和客家粄條最粗。

3. 特調醬油包口味：
分成原味、辣味、麻辣、油蔥、麻油、麻醬和沙茶。

4. 葷／素：
麻辣、油蔥及沙茶的醬包都是葷的；原味、辣味、麻油及麻醬的醬包是素食可食。

5. 包裝：
跟賣場的泡麵差不多，以5包裝成一袋販售。

鳥先生的最愛！
外省乾麵和客家粄條搭配麻辣醬料包，簡單調味卻香辣過癮！

不辣的外省乾麵，只有簡單白麵和醬油包，這也是阿舍乾麵的標準配備。麵條煮熟後，加入唯一的醬料包，外省乾麵類似一般寬陽春麵，麵條的厚度夠蠻耐煮的，口感有Q。不辣的醬汁口味清清淡淡（微酸微甜微鹹），碗底的醬汁完全不會死鹹，小朋友吃也很合適。所附的醬料包感覺上比較適合搭配台南乾麵的細麵條，醬汁的附著力較高，外省乾麵相較之下，吃起來會偏淡。

原味台南乾麵，撒點蔥花，吃起來就像傻瓜乾麵，如果還嫌不夠味，那再加點干貝辣醬，馬上搖身一變成了香辣過癮的阿舍版傻瓜乾麵。如果要再享受一點，就再煎個荷包蛋，爽度馬上Double。

允嘉的最愛！
原味的特調醬包，出乎意料的夠味好吃，我一次可以將掉一碗麵！

阿舍麻辣乾麵到手沒幾天，好友Weiwei就送來龍門客棧的招牌滷味，這下子又變出一碗無敵版麻辣乾麵。阿舍的麻辣外省乾麵，只淋上阿舍的麻辣包，沒有其他調味。這麻辣口味吃起來有點像紅油抄手的調味，辣而不鹹，麻辣之外還帶了點油蔥麻油香，我很愛！

魔鬼甄的最愛！

麻辣口味有麻有香，隨便再加個料，就美味十足！

之前只煮了台南意麵和外省乾麵來吃，我和鳥先生都覺得台南意麵(細麵條)比較吸汁，啾蕾姊妹花回報的評價也是台南意麵優於外省乾麵。最後收到試吃的福哥滷味肉燥時，才順便把客家板條煮來搭配，板條要煮比較久一點，口感又比其他兩種麵條滑溜。

阿舍乾麵給我的感覺類似泡麵，只是麵條變成了非油炸的白麵，跟印尼乾麵都屬於要煮熟的麵條，煮法就當煮乾的泡麵一般。

不論麵條和口味，單包都是均一價10元。我們因為達到團購8折的數量，所以每包的入手價為8元，算起來價錢跟漲價後的印尼乾麵差不多，甚至比袋裝泡麵便宜一點，另外也可選擇單買麵條或醬料包。

團購達人 真心話

原味的調味清爽，蠻適合買來當成戰備存糧，煮給小朋友吃不鹹又有味道，啾蕾姊妹及允嘉3位小朋友都蠻愛的！但大人吃可能會稍嫌平淡不夠勁，這時麻辣口味就可以彌補這個缺點。

information

呼朋引伴一起來！ 97年10月30日製表

品項	售價	運費	保存期限
乾麵＋醬包	10元／包	1～18包：70元 19～30包：80元 31～674包：優惠價100元 675包～或折扣後購買 金額滿5,400元免運。	麵條和醬油包保存期限常溫半年

店家資訊

阿舍食堂麻辣乾麵

網址：http://www.chinghsin.com

宜蘭羅東的諾貝爾奶凍捲是近期正夯的團購美食，有在開美食團的平台幾乎都可以看到諾貝爾的蹤跡，向來愛嘗鮮的我，不趕緊買來嘗嘗怎麼對得起自己！

捲出甜蜜藏心底
諾貝爾奶凍捲

諾貝爾奶凍捲紙袋，宅配時，一條奶凍捲會附上一個紙袋。

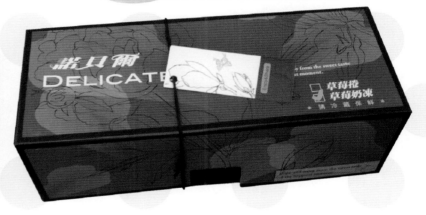

老板自行推薦的3種口味，由上而下分別是香草奶凍、草莓奶凍和巧克力奶凍。

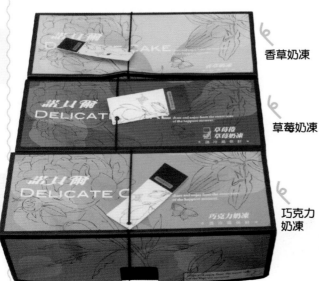

香草奶凍

草莓奶凍

巧克力奶凍

奶凍捲的長度約20公分，以瑞士捲來講不大條，草莓奶凍又比其他兩種小條一點。另外要提醒大家，盒子兩旁的耳朵可以直接把瑞士捲提起來，這個設計不錯！

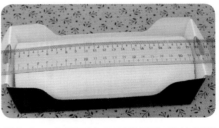

香草奶凍

香草奶凍，中間的奶凍很大塊，奶油比例較少，奶凍不會很甜，吃起來有點像較黏稠的奶酪，外面的蛋糕體不會過乾也不會過濕，鬆軟度、甜度都很OK。

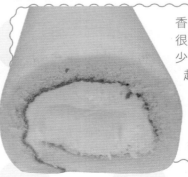

草莓奶凍

草莓奶凍，草莓與奶凍二合一，再利用軟綿蛋糕捲起來，酸甜有層次！

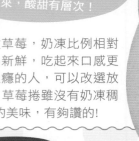

紅色盒裝的草莓奶凍，採用的是苗栗大湖草莓，非台灣草莓季時則選用美國加州的進口草莓，因此可以長年提供此商品。夾心草莓是剖半的，因為有放草莓，奶凍比例相對減少，不過草莓帶有酸甜度，再加上果肉新鮮，吃起來口感更豐富，我最愛這味！另外如果草莓吃不過癮的人，可以改選放一整顆草莓的草莓捲。據網友mimi回報，草莓捲雖沒有奶凍稠稠的口感，但增加了鮮奶油以及整顆草莓的美味，有夠讚的!

巧克力奶凍

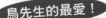

鳥先生的最愛！

帶著濃濃巧克力香的巧克力奶凍，也是WEI推薦的口味！

昨天終於喝到最後一杯咖啡（咖啡王子1號店），曲終人散，心裡感到無比的失落，這瑞士捲來的正是時候！生理上的滿足正好填補心靈上的空虛，有時吃甜點就像在談戀愛，吃進嘴裡融在心裡，整個洋溢著幸福的滋味。

巧克力奶凍則不知道為什麼，巧克力的Size比較大，蛋糕體比較厚一點點，因為多了巧克力的香味，所以吃起來沒有香草那麼單調。

因為奶凍和鮮奶油顏色太接近，從照片看不太出來其比例，所以在照片上加點工，這樣比較清楚。

團購達人 真心話

從外觀看來像是包著奶凍的瑞士捲，雖然價錢不貴，但Size也相對迷你，奶凍算是新鮮的賣點，吃起來有點像較黏稠的奶酪，口感很特別，本人很愛，一次可以連下3塊！但鳥先生覺得會膩。另外好友WEI分享的心得是剛從冰箱拿出來的奶凍口感最好！

本次排序

魔鬼甄
草莓奶凍＞巧克力奶凍＞香草奶凍

鳥先生
草莓奶凍＝巧克力奶凍＞香草奶凍

呼朋引伴一起來！97年10月30日製表

品名	售價	保存期限
日式香草奶凍	130元	
日式草莓奶凍　日式草莓捲	150元	冷藏3天
日式巧克力奶凍	130元	
運費：16盒以上免運費，16盒以下150元運費。		

店家資訊

宜蘭諾貝爾食品有限公司
官網：http://www.pieart.url.tw
地址：宜蘭縣羅東鎮公正路212號
電話：(03)955-8389

趁著到高雄出差之便，除了順路到小玉家來個高雄兩天1夜遊之外，還千里迢迢的騎鐵馬、坐渡船，跨海到旗津那頭，終於帶回期待已久的正家興手工蛋糕。

綿密的滋味忘不了
高雄旗津正家興
手工蛋糕

這蛋糕得來真不易，取得過程有點艱辛，因此原本跟店家預訂原味和橘子兩種口味，但在長途跋涉外加小玉的大力推薦下，當場又加碼了藍莓口味，就這樣提著3盒波士頓蛋糕又風塵僕僕坐高鐵返回板橋。

盒子正面有握把可提，上面印著是旗津手工蛋糕，還有正家興的Mark，共有藍莓、草莓、桔子、巧克力和原味5種口味，口味用打勾勾標示。
坐過高鐵回來的蛋糕，波士頓蛋糕的外觀有點不太整齊，糖粉也較少。
這張可以看出蛋糕是從中剖開塗抹奶油和果醬，雖然店家有先大致切塊，但是沒切到底，吃的時候還是要自行切斷。

原味

小姑、小嬸、小叔、Jason兄、我和鳥先生都覺得原味好吃，吃起來很像古早味蛋糕。雖然奶油層比較薄一點，海綿蛋糕的口感沒有其他知名波士頓派綿密，但是以一個賣150元，份量卻這麼大的波士頓蛋糕而言，也沒什麼好挑剔的，小玉說他們還曾經有同事訂正家興當彌月蛋糕，真是精打細算啊！

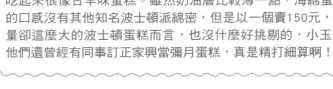

藍莓

小玉大力推薦的藍莓口味，也是小姑、小嬸試吃後的No.1，她覺得藍莓口味特別香。

橘子

橘子口味是我的最愛，卻是鳥先生和小叔兩兄弟從後面數過來的No.1。

鳥先生的最愛！
原味＞藍莓＝橘子。一向不愛甜食的他，蛋糕中夾了甜度比較高的果醬，是他的死穴。

魔鬼甄的最愛！
橘子＞藍莓＞原味。果醬裡面，我一向偏愛橘子口味，當然吃來最順口。

團購達人 真心話
其實說穿了是蠻普通的蛋糕，不過優點就是便宜，然後也不錯吃！另外蛋糕最好趁新鮮食用，吃不完要冷藏，隔天吃的時候感覺不出有差異，但隔兩天後再吃奶油會結塊變硬，蛋糕口感也會變差喔！另外，不少網友留言推薦高雄仁武的年豐波士頓派及鳳山的八番坊，據說比正家興更便宜，口味更多。當然我心目中的波士頓派，當然不會錯過紅葉及佳樂囉！

拿蛋糕時和老板娘聊了一下，老板娘說之前團購都要等1個月以上，現在因為多了兩個爐子，每日產量增多，可大大縮短等待時間，老闆娘表示目前宅配最多只要等上10天，除非碰到逢年過節，才會時間拉長到兩週以上。

橘子　　藍莓　　　　　原味

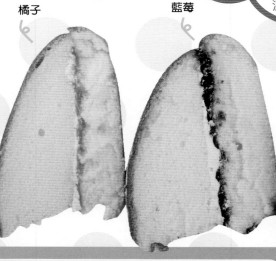
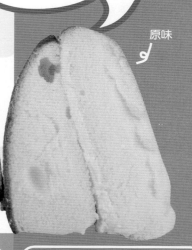

呼朋引伴一起來！ 97年10月30日製表

品名	售價	運費	保存期限
藍莓、草莓、桔子、巧克力和原味	150元／盒	8盒為一箱，運費200元	冷藏4天

店家資訊

高雄旗津正家興蛋糕坊
地址：高雄市旗津區中洲二路37號
電話：(07)571-6541、
0800-20-3828

化鮮果為果醬
蘿拉手工天然果醬

共試吃6種口味，4種果醬外加兩種抹醬，有鮮草莓、百香果柳橙、鳳梨檸檬、奇異果、焦糖核桃和紅豆牛奶，因為都是採當季鮮果，試吃心得撰文時，鮮草莓和百香果柳橙果醬都已銷售完畢，即將推出的好像是葡萄果醬及玫瑰花甜桃果醬。

果醬的包裝簡單有質感且兼顧安全性，罐頭上有封條，再包上泡泡紙放在外盒中，建議外盒應該標示口味，以方便選取。另外，冷藏後蓋子不太好打開，連鳥先生也要開半天。整書時連到官網一看，才發現賣家特別闢一篇告訴大家要怎麼開蓋，真的蠻用心的。

草莓果醬

草莓果醬富含草莓果粒，果粒很完整，幾乎都是一整顆(跟一般果醬完全不同)，顏色偏暗紅，非一般的早餐店鮮紅色草莓醬，允嘉最愛這一味。

允嘉的最愛！
停賣的草莓果醬是我的最愛，我會一直不停的要媽媽加多，那麼少怎麼夠吃啊！

百香果柳橙果醬

百香果柳橙果醬和奇異果果醬表現差不多，都是濃度稠，略酸，不過奇異果又比百香果再水一點。

紅豆牛奶抹醬

紅豆牛奶抹醬是採用屏東萬丹有機栽培紅豆，吃起來帶一點點紅豆顆粒感，口感綿滑好吃，但頗有甜度，建議不要貪心抹太厚。

焦糖核桃抹醬

焦糖核桃抹醬單嘗偏甜，核桃放不少，焦糖香氣頗濃，味道不錯！但吃到剩最後半罐時，香氣有減半的感覺，且會生水，所以還是趁鮮食用為宜。

魔鬼甄及鳥先生的最愛！

兩種抹醬都濃郁好吃，尤其是焦糖核桃抹醬香又富口感，單吃很是罪惡，隨便抹個超商的吐司，整個提升質感。

鳳梨檸檬果醬

鳳梨檸檬果醬是6種口味裡面最甜的一款，果醬中還有一絲絲檸檬果皮，對香氣有加分作用，但鳳梨味道不強，吃起來有點金桔醬的錯覺。

賣家依不同季節變換當季盛產水果，利用產地採收後直接配送的新鮮水果製成，不是所有產品都是常賣品，想吃特定口味的朋友可得多等等。還記得去年至日本箱根旅遊時，也有試吃手工果醬並帶了一些回來，價格當然也是「貴桑桑」，沒想到國內也開始有品質不錯的果醬可買，表示市場確有其消費需求。

團購達人 真心話

感覺上蘿拉手工果醬是定位在天然健康的高品質高價位路線，所有的果醬純度都很高。這次試吃的6種口味裡面，我和鳥先生都把票投給紅豆牛奶和焦糖核桃抹醬。倒是允嘉真的很愛草莓醬，專指定這味，一直嚷著土司上面沒醬了，還嫌我小氣抹太少。

▶ information

呼朋引伴一起來！ 97年10月30日製表

品項	售價	運費	保存期限
焦糖核桃抹醬	240元	15罐以上，每罐優惠10元；20罐以上，每罐優惠15元；25罐以上，每罐優惠20元。15罐以上免運費。	未開封：紅豆牛奶抹醬冷藏6個月 焦糖核桃抹降置陰涼處3個月 鮮果醬系列置陰涼處1年 開封後請冷藏。最佳賞味期為開封後4週內，請儘早食用完畢。
紅豆牛奶抹醬			
百香果柳橙(季節限定)			
鮮草莓果醬(季節限定)			
鳳梨檸檬果醬			
奇異果果醬			

店家資訊

蘿拉手工天然果醬
網址：http://www.lola.com.tw
電話：(03)573-5652

號稱吃不胖的低脂冰淇淋
新竹Sofia 義大利手工冰淇淋

家庭號禮盒裝，送禮自用兩相宜。一盒有兩種口味，附湯匙6根，以Sofia冰淇淋的價位而言，湯匙的質感有待加強（雖然裡面的冰淇淋好吃比較重要啦！）。

禮盒側面特色說明，熱量低，讓人吃起來更無罪惡感！

另一側有最佳食用方式，雖然冷凍庫取出還不會很硬，但放置幾分鐘後回溫的軟綿口感真的是很優！所以千萬不要猴急，等待是值得的。

8種口味依據試吃的先後順序來記錄

香蕉口味

回溫後的冰淇淋口感香滑柔順，香蕉果香超濃，允嘉最愛這一味，雖然好吃不膩，但吃完還是會感覺有點甜，這口味聽說是阿公阿媽最常點的口味之一。

允嘉的最愛！
香蕉口味是No. 1，還有變身成冰涼版的金莎巧克力、紅心芭樂都好吃。

酒釀葡萄口味

店家將葡萄乾浸泡在萊姆酒內，待入味後再加鮮奶製作，雖然酒味不會重，但有酒味的我都不太行，小叔也覺得酒味頗重，但這味道鳥先生很愛，直說好吃，據說也是店內的招牌人氣王。

芒果口味

使用當季愛文果肉製作，夏季限定，入口都是芒果香，雖然不錯吃，但竟是本人這次試吃的殿底口味，實在是因為其他口味更好吃，更迷人啊！

歐洲藍莓口味

不會酸，果味特濃，吃得到藍莓果粒，回溫後甚至有點香軟，也好吃！

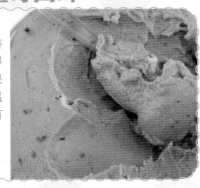

提拉米蘇口味

味道很順口，小甜，最上層撒上細細的巧克力粉，很像在吃比較不濃的提拉米蘇，試吃到此時，曾經把它列為第一名，但後來硬是被烤杏仁取代。

紅心芭樂口味

非常濃順，裡面會帶幾顆小芭樂籽，是鳥先生心中的第一名，外觀顏色就如同其名，粉色偏紅。

鳥先生的最愛！
微酸含籽的紅心芭樂，及香蕉口味，還有有著萊姆酒味的酒釀葡萄，都很值得推薦。

皇家烤杏仁口味

將杏仁果加以烘焙再融入純鮮奶製作，聞起來跟吃起來都很香，有著高雅醇厚的味道，難怪取名叫皇家。當下把剛才坐擁第一名寶座的提拉米蘇給拉下來，比較可惜的是杏仁顆粒較細碎且不夠多，不然口感會更升級。話雖如此，但我還是欲罷不能的一口接著一口，當我意識到不能再如此放縱下去時，這桶冰淇淋已被我清掉大半桶，趕緊收手放回冷凍庫去。剛下班的鳥先生檢查冰箱時，光是托起桶子就知道我今日的戰績，開始碎碎唸：「那有人這樣吃冰的？」分明就是不爽我吃太多！

魔鬼甄的最愛！
有著濃濃堅果香的皇家烤杏仁，較成人口味的提拉米蘇，甜而不膩、老人小孩都愛的香蕉等3種口味，是我最愛的選擇。

金莎巧克力口味

用義大利進口的榛果、純巧克力及鮮奶下去打，真的有吃金莎巧克力的錯覺，只是頓時變成又綿又冰的口感，好吃！

團購達人 真心話
這裡的冰淇淋分為水果基底跟牛奶基底，每一種冰淇淋味道都很濃郁香醇，入口就吃得出是什麼味，尤其是水果類，果香十足，回溫後質地柔軟香滑，幾乎是入口即化，很像是用高檔果汁機現打的冰淇淋。夏天吃冰淇淋，含在嘴裡暑意全消。

information

呼朋引伴一起來！ 97年10月30日製表

品項	售價	運費	保存期限
一公升	270元	8桶以上免運費	請於1個月
家庭號	／桶	8桶以下運費190元	食用完畢

備註：為了保持最新鮮的口感，所有冰淇淋不預先屯積庫存，將採用接單現做的方式，於買家下單後最慢將於3個工作天內寄出。

店家資訊
網站：http://www.sofia-gelateria.com
部落格：http://www.wretch.cc/blog/mysofia
地址：新竹市林森路32號
電話：0920-695-952、(03)524-9855

食用小提醒：
1. 手工冰淇淋採用純鮮奶製作並沒有添加人工保存成份，盡量在1個月內食用。
2. 冰淇淋在冷凍後變比較硬，食用前放置在常溫或冷藏環境5～10分鐘再食用，口感會更好。

25

這次團購的是台中梧棲港的阿姿調味海鮮，阿姿海鮮共有6種產品，燒酒螺、現撈小卷、風螺、風螺肉、九層螺和庭園螺肉，這次挑了其中3樣產品，我一向對這類味道較重的海鮮不具好感，全由鳥先生與婆婆解決。

阿公愛吃的燒酒螺
台中港觀光魚市
阿姿調味海鮮

採密封盒裝，盒子上有標明可微波，這次團購時沒有辣度選擇，所以燒酒螺、小卷和風螺肉全部都是原味。

現撈小卷的長度如上圖，約6～7條，調味還不錯，不會過鹹，不用配飯直接吃也行，小卷的肉質新鮮有彈性，算是好吃的一味。

風螺肉是味道最淡的一品，螺肉肉質彈性不錯，可惜味道不太足（沒有很入味），如果加點辣應該會比較下飯。

燒酒螺滿滿一盤，燒酒螺一般大，婆婆覺得螺肉很好吸，沒有臭腥味，調味比市面上的淡，不會很鹹很辣，所以吃起來比較不過癮，但感覺上有比市面上的乾淨，官網上還有燒酒螺製作過程照片。

鳥先生的最愛！
現撈小卷肉質新鮮有彈性，調味也佳！

3種都是先冷藏後直接享用，後來才拿剩下來的小卷和風螺肉微波加熱，口味和口感和冷藏食用也差不多，小卷比風螺肉受歡迎。至於燒酒螺，鳥先生覺得螺殼看起來很乾淨，無海鮮臭腥味，因為團購的是原味無辣，味道偏淡，吃起來少了點爽度。

團購達人 真心話
一般吃海鮮，都是直接殺去產地大啖，便宜又新鮮。往往宅配海鮮，在運送過程中是否仍能保鮮，總是令人不太放心。店家特別強調產品有經過水試所、食研所和高檢局檢驗合格，這應該是與一般燒酒螺最大的區別，也算注入一道強心針。

information

呼朋引伴一起來！ 97年10月30日製表

品項	售價	運費	保存期限
燒酒螺	100元／450g		
現撈小卷	100元／300g	1～2盒：150元	
九層螺	100元／450g	3～4盒：100元	
風螺	100元／300g		冷藏6天
風螺肉	100元／200g	5～9盒：50元	
庭園螺肉	100元／300g	10盒以上免運費	

店家資訊
阿姿調味海鮮
網站：http://www.kissfood.com/
地址：台中縣清水鎮海濱里
　　　北堤路30號
電話：(04)2656-9475

各式滷味常吃，但冰糖醬鴨還真是比較少吃到的一味。不知是否跟製作較困難有關？經由獨特秘方及冰糖的調味，再利用醬油上色，呈現的是外表油亮、口感極佳的肉質，冰涼的溫度入口，真是大快人心！

獨家滷汁咬勁十足
香甜誘人的冰糖醬鴨

今年母親節萊爾富便利商店預購商品就有後壁冰糖醬鴨這一項，趁著免團購免運費的機會，訂了4盒回家試試。

魔鬼甄與鳥先生的最愛！
後壁冰糖醬鴨微甜含汁，單吃很棒！據說加青蒜一起熱炒也很優。

後壁冰糖醬鴨的包裝盒子外面還有塑膠封袋，寄送時醬汁不會沾得到處都是，但打開後，盒子外面還是會有點油油的。

盒面標籤，上面還寫了投保1,000萬責任險。開盒照，鴨肉外皮都有油亮亮的冰糖醬汁凍。

我們收到的這盒冰糖醬鴨看起來像是腿肉，出乎意料的好吃，因為看起來乾乾的，吃起來卻含汁，應該是外皮有醬汁凍的關係，味道甜甜的，不會死鹹，鴨肉口感有些蠻軟的，算是有彈性，不會乾乾柴柴的。

大鴨翅一盒4隻，鴨翅口味微甜不鹹，肉質略硬，鳥先生覺得口感剛剛好。

雞翅一盒6隻，肉質極硬，吃起來也乾乾的，第一次吃到雞翅的肉比鴨翅還硬。

雞爪一盒約8隻，雞爪味道不重，醬色最淡，跟前面3樣比起來，冰糖醬汁的味道非常淡。

團購達人 真心話

以我的口味而言，台南後壁冰糖醬鴨以冰糖醬鴨的口味最出色，醬汁和口感均優，其次為大鴨翅和雞爪，至於雞翅就不太會有回購的慾望了。

information

呼朋引伴一起來！ 97年10月30日製表

品項	售價	運費	保存期限
冰糖醬鴨	100元／盒	800元以下：120元 801～1,500元：170元 1501～2,999元：220元 3,000元以上免運	7天
大鴨翅	100元／4隻		
雞翅	100元／6隻		
雞爪	50元／8隻		

店家資訊
台南後壁冰糖醬鴨
網址：http://www.houbi.com.tw
地址：台南縣後壁鄉後壁村199號
電話：(06)687-2078

Part1
最夯
火紅好貨

有一回看到東風美味鑑定團介紹台北車站附近美食,其中明星麵包店的俄羅斯軟糖很是吸引我,看了看地址就在漢博區旁邊的城中市場,馬上吩附鳥先生買拭鏡筆和相機握帶的時候順便繞過去帶一份回家!

這一吃可不得了!真是美味極了!

沙皇御用點心
明星麵包店
俄羅斯軟糖

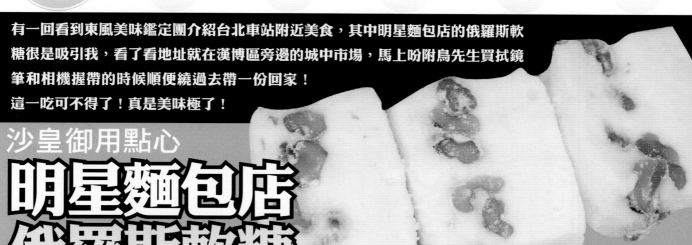

據鳥先生的回報,這款俄羅斯軟糖放在店內最旁邊,不是很明顯的地方,大部份的客人都是麵包或手工餅乾居多。

雙排大盒裝280元

單排小盒裝150元

俄羅斯軟糖有3種包裝,雙排大盒裝280元,單排小盒裝150元,還有NG型的小袋裝價格不詳。

小盒裝大約有15塊左右的俄羅斯軟糖,一口糖大約要價10元,價格不低,嘗鮮建議先買NG小袋裝來試試口味。

吃起來像是包著核桃夾層的綿花糖,棉花糖本身不甜,搭配微微鹹香的核桃,嚼起來還蠻對味的,不過鳥先生和允嘉卻都不怎麼愛。隔天早上再吃冰凍過的俄羅斯軟糖,口感變得比較Q,好像也變得比較甜一點,但依舊很對我的味,這一盒軟糖完全落入我口,罪惡啊!

魔鬼甄的最愛!
這俄羅斯軟糖好似海綿,潔白富有彈性,拌入碎核桃更添美味!

呼朋引伴一起來! 97年10月30日製表

品名	售價	保存期限
俄羅斯軟糖	150元／小盒	室溫7天
	280元／大盒	
	註:宅配費用另計。	

店家資訊
明星西點麵包廠
地址:台北市武昌街一段7號
電話:(02)2331-7370
營業時間:08:00～20:30

Part2

愛吃不怕胖

愛吃到不行，怕胖也要吃 每項都讓你下手不手軟

高雄良美餐包・高雄美奇餐包・高雄巴特里餐包・高雄MILK17
黃金冰火餐包・新竹好佳香餐包・高雄奧瑪奶油餐包・高雄原
耕美味奶香餐包・Siki戚風蛋糕・臻果戚風蛋糕・米詩堤黃金泡
芙・伴點泡泡泡芙・金時代香頌法國麵包・法蘭司維也納牛奶麵
包・方師傅羅宋麵包・一之軒羅宋麵包・台南葡吉羅宋麵包・帕
莎蒂娜酒釀桂圓冠軍麵包

全台瘋餐包

小配角榮登餐桌要角

在三郎餐包一炮而紅後,全台各地開始掀起「餐包熱」(尤其是高雄),在網路世界裡更不時可以看到新款的餐包出現,而我們一家都愛餐包,硬是把每家都買回來好好比較一番。這波餐包熱不知會燃燒到何時?希望不要像蛋塔一樣,稍縱即逝啊!

良美餐包
口味:5種
價格:35元/12個
~50元/12個

奧瑪奶油餐包
口味:5種
價格:100元/20個

好佳香餐包
口味:13種
價格:6~7元/個

美奇餐包
口味:3種
價格:25元/9個

高雄巴特里餐包
口味：2種
價格：50～60元／10個

高雄原耕美味
奶香餐包
口味：1種
價格：50元／10個

MILK17
黃金冰火餐包
口味：3種
價格：50元／10個

高雄良美餐包

良美餐包是在PTT團購版上接力的另一間好吃餐包，看完生火文後還沒能來得及揪團算錢，馬上拿起電話下訂單。

良美餐包目前採黑貓宅配，這次訂了原味、奶油、奶酥、巧克力、起司和大蒜麵包，出貨時老板娘忘了把起司餐包放進去，連忙打電話來通知，所以就缺一味啦！

良美以12顆為一袋包裝，數量上比較沒負擔，而且口味選擇比較一般餐包多。

奶油口味

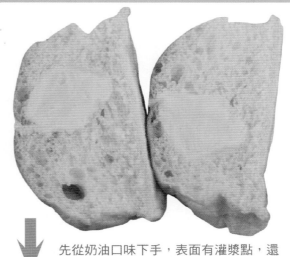

先從奶油口味下手，表面有灌漿點，還沒送進烤箱前是塊狀奶油。

送進烤箱後就變成爆漿奶油啦！吃起來的口味香香甜甜的口味，我覺得奶油不夠多，鳥先生則覺得還好。

巧克力口味

巧克力口味，巧克力奶油一樣會爆漿，但我和鳥先生還是偏愛奶油餐包。

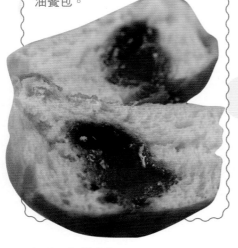

原味餐包

還可以跟店家訂購沒有包餡的原味餐包，訂給不愛甜食的鳥先生專用，無奈完全沒包餡的餐包，對我來說太清淡無味，下次打算來抹福源花生醬。

奶酥口味

奶酥是椰子口味的，內餡的量不多，不是從餐包上面的洞填入，好像是從底部，烤好也不會融化爆漿，吃起來跟奶酥麵包差不多，嘗起來較乾，大家都覺得很一般。

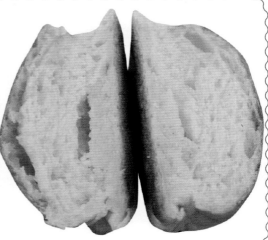

在團購平台跟風買了高雄的美奇餐包，餐包共有3種口味：草莓、奶油和奶酥。3種口味排排站，由左而右分別是克林姆奶油、草莓和奶酥餐包。

高雄美奇餐包

克林姆奶油　　　草莓　　　　　奶酥

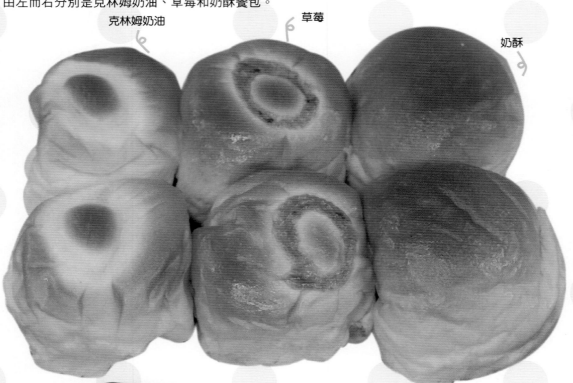

奶酥餐包

完全沒做記號的是奶酥餐包，價格不高，形狀也很迷你，奶酥餐包的內餡不多，吃起來就是很一般的小餐包。

克林姆奶油餐包

克林姆奶油餐包，餡料也不算多，口味也是一般。

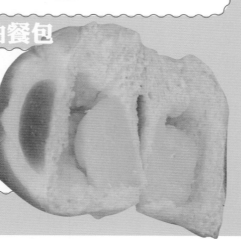

草莓餐包

草莓餐包，切開看不到內餡，都躲在同一邊了。

3種口味就以草莓餐包最好吃，雖然麵包本身還蠻軟的，但吃起來就是一般餐包，沒有特別好吃的感覺。

高雄巴特里餐包

繼餐包在網路上熱賣特別是高雄出現一連串的餐包產品，巴特里奶油餐包也是其中之一。看來餐包以後會變成高雄的特產之一？！巴特里的包裝比良美餐包精美一點點，上面還直接寫明了這是爆漿奶油餐包，價格則比良美餐包都要貴一點。巴特里餐包本身是圓型，餐包的個頭比較大一點，不同於良美的橢圓型。

巴特里   良美餐包

   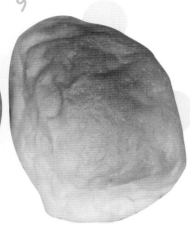

跟一般餐包比起來，價格較高，但個頭也較大，或許是個頭的關係，奶油比例相對減少，奶油會集中在餐包的某半邊，感覺不會是整顆都吃得到的那種爆漿奶油，好幾次都是吃到快結束，才等到奶油現身的感覺。不過也因為如此，吃起來比前兩家不甜也較不油。

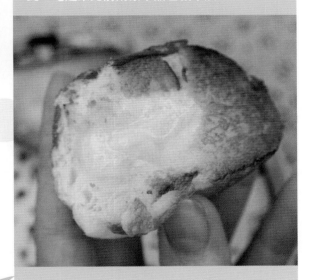

剖面圖，還是一小坨塊狀奶油。因為餐包比較大顆，所以要吃完半邊餐包，奶油才會出現，不像前兩家小餐包一定要從灌漿口咬下，不然會爆漿到全身。

好友weiwei說這家奶油有好吃，很香！她甚至在車上就等不及在常溫退冰的狀態下吃了4個，她反而喜歡常溫下的凝固奶油，因為烤熱後融化的奶油略顯油，無形中增加不少罪惡感。

整體來說：餐包本身口感鬆軟，奶油也不錯，算是好吃的餐包，一致得到好友小鳳及weiwei的讚賞。不過我這個不怕油的傢伙，還是喜歡那種尺寸小一點，奶油可以橫溢其中，名符其實的爆漿餐包！但老實說，這種比較適合小朋友食用，因為比較不容易被裡面的奶油燙到，小鳳說她家兩個小朋友每個人都可以吃上4顆。不想出門時，窩在家裡只要泡壺熱茶搭配餐包，就是超便宜下午茶上桌！

高雄黃金冰火餐包 MILK17

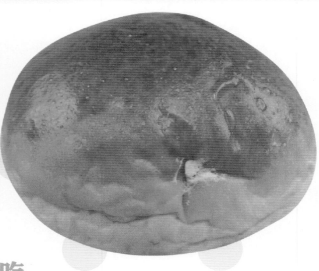

高雄餐包何其多,最近又發現了一家新餐包,而且名字還取得更猛更響亮,爆漿不夠看,直接叫「黃金冰火餐包」,不知道下一家還能想出什麼更勁爆的名字。

餐包包裝的標籤上有食用方法,店家有強調可以冰涼食用,也可用烤箱加熱至奶油融化,這應該是叫冰火餐包的原因。尺寸及外型與巴特里差不多,比良美大顆,表面同樣都有灌漿孔。

冰火兩吃

賣家說,「冰」的吃法是將餐包放置於冰箱中冷藏15分鐘後拿出,即可食用,冰涼後口感清爽(內餡奶油呈現白黃色)。而「火」的吃法則是將餐包放於微波爐約20秒或烤箱中加熱以至奶油融化變成金黃色即可食用,口感香濃非常好吃。

果然冷藏未烤時直接切開,奶油份量比其他3家餐包都多,但顏色好像有點偏白,不像其他其家呈現的是金黃色澤。

烤完後的奶油也是一樣偏白,其他3家都呈現爆漿金黃色,這家卻是爆漿乳白色,賣家強調是採用兩種頂級純鮮奶油調合而成所致。

我最喜歡火力加強版,麵包外層會酥脆,內餡當然爆漿到不行。冷餐包雖然吃來另有一番風味,但麵包口感比較差,感覺很乾,把奶油咬完後,只剩麵包就不具看頭,還是建議加熱食用。

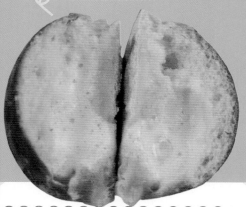

店家另外還有主力商品「MILK17純新牛奶棒」,口味眾多,吃起來類似營養口糧,也有不少人團購。

感覺上這家的奶油和其他3家不太一樣,冷藏直接吃,有點像麵包不熱的港式波蘿包。鳥先生覺得這家比較甜一點,我反而覺得不甜耶!烤熱後再吃,則會因爆漿量太多,而感覺偏油,不過偏油一向不是我的罩門,只要好吃就好!如果加熱不夠時,吃起來味道也有差異,可以多試幾次,找出自己喜歡的烤法。

新竹好佳香餐包

新竹好佳香餐包也是網路有好評的餐包，這次終於不是介紹高雄出產的餐包，所以口味果然大不同，不是屬於爆漿奶油型的餐包。

店家不太願意提供網路宅配，大部分網友都是請人代購，但因為產量有限再加上販售時間不長（好像是只賣早餐時間），代購也是有點難度，在新竹工作的小叔請學弟幫忙買，學弟早上7點去，餐包已經快要賣光光，所剩無幾，有沒有這麼誇張啊！

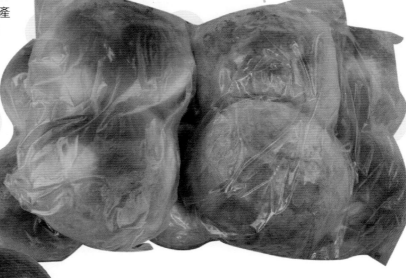

餐包以一袋兩個為單位販售，單價每個6～7元。

好佳香餐包，表面沒有那麼油亮，外觀看起來比較乾一點。

油亮的是高雄冰火餐包

波蘿小餐包

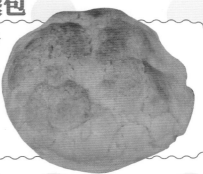

波蘿小餐包本身的口感一般，嘗起來有點油，烤的時候建議要加強點火力，烤酥一點會好吃一點。

克林姆口味

克林姆小餐包的內餡份量很多，吃起來完全不甜膩，比一般的克利姆麵包好吃，克林姆烤過後溫熱有點融化，吃來更順口，是幾種口味裡面最受歡迎的一種口味。

香蒜口味

香蒜小餐包也不會油，但香蒜抹的不多，整體味道稍嫌太淡。

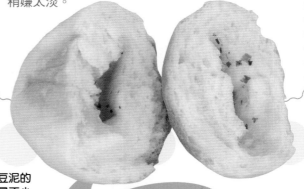

紅豆口味

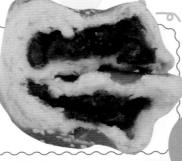

紅豆小餐包表面以白芝麻作為記號，紅豆泥的份量並不少，有顆粒，甜度不高，吃起來並不會膩口。

紅豆泥的份量不少

好佳香餐包的口味非常多，有克林姆、熱狗、奶酥、草莓、蛋皮波蘿、肉鬆、奶油、花生、紅豆、椰子葡萄、藍莓、巧克力和香蒜。這次買到的餐包，口感都偏乾不夠軟，內餡以克林姆和紅豆小餐包較優，其他口味則跟一般市面上的小麵包差不多，不過以他非常不親近的購買途徑而言，大大降低回購的意願。不過最近也有網友說，店家也開始願意宅配了，不過擔心訂單太多，還是不願公布電話號碼。

高雄奧瑪奶油餐包

高雄奧瑪烘焙的招牌奶油餐包，宅配來時餐包並沒有被壓壞變形的醜模樣，可見店家在包裝算是有用心，正面有食用方式，餐包排的很整理，看外表就可以先給店加點分。

奧瑪餐包屬於圓型，形狀比較類似巴特里餐包。

餐包的爆漿點不固定，有時候會跑到下方，直接送入烤箱會往下滴，這時候建議用小烤盤，不要直接置入烤箱鐵網，奶油會滴到燈管。

未烤前的橫切面

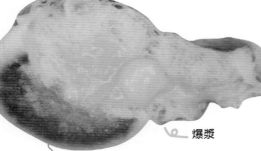

賣家建議冷凍取出後微波1～2分鐘，實際操作時會在微波爐裡爆漿。

爆漿

印象中「食尚玩家」高雄捷運專題有報導這家奧瑪餐包，店內有賣多種10元小麵包，不過做宅配的只有這款奶油餐包和原味餐包。跟之前爆漿餐包比較起來，麵包本身的口感略為乾硬(試過好幾種加熱方式，這點連允嘉也吃得出來呢！)，奶油量多爆漿能力強，口味偏甜，奶油常溫狀態比爆漿狀態滑順，所以我們最後幾顆餐包都是退冰後直接吃，這樣麵包的口感也比較不會乾硬。

高雄原耕美味奶香餐包

原耕美味奶香餐包已經是網購竄起的第8家餐包了，也是來自高雄，特點還是在於爆漿的奶油內餡。

袋裝正面有加熱食用說明標籤，原耕餐包大小中等，表面的芝麻量居8家餐包之首，奶油量則是中等。爆漿點在餐包上方，麵包常溫吃的口感軟軟的不會乾硬，口感類似良美，奶油不會過於甜膩。

原耕美味奶香餐包

電話：07-557-5099
傳真：07-557-5396

原耕蛋糕坊

常溫解凍後，直接微波15秒，整個麵包吃起來熱熱軟軟的，奶油四溢，口感還不錯。用小烤箱烤2分鐘，麵包會有點焦，但上層的芝麻吃來有香，外酥內軟，口感不會過乾，也不錯。奶油為乳白色，吃來不甜膩，但感覺不夠香。不過以其麵包的柔軟度勝出。

在撰文的同時，網路上又看見有網友在團購原耕的挪威方塊黑森林巧克力蛋糕，感覺也是頗搶手。

品名	價格	口味	網友留言分享
良美餐包	2.9～4.2元／個	奶油比三郎少一點，甜度高一點點。	無緣一嘗的起司餐包，據網友的留言，是餐包表面放上一點起司，而不是中間包餡，有人稱讚，但也有網友覺得起司烤起來不會牽絲，而且很硬，只有一點鹹鹹的味道而已。
美奇餐包	2.8元／個	最推薦草莓口味。	有網友留言奶酥好像改成鹹口味。
巴特里餐包	5元／個	奶油集中在某半邊，沒有爆漿的感覺，較不甜不油。	奶油芝麻是新口味，也很不錯吃。
MILK17黃金冰火餐包	5元／個	奶油多故感覺較油，顏色偏白，標榜可冷熱兩吃，不過冷的吃，麵包太乾。	網友Clarins回應，吃起來感覺比較健康，奶油沒一般那麼膩，但卻也少了一些香味，皮吃起來偏硬，尺寸也大了點。另有沖繩黑糖及咖啡口味。
好佳香餐包	6～7元／個	麵包偏乾不夠軟，不是爆漿奶油型的餐包。	聽說那附近有4所學校，所以只要是上學日，餐包的賣的超快的，可能要7點前報到才買得到。
奧瑪奶油餐包	4～5元／個	奶油量多爆漿能力強，口味偏甜，麵包口感乾硬。	高雄奧瑪除了餐包，還有賣10元的菠蘿、青蔥麵包、紅豆麵包。除奶油口味外，另有全麥、巧克力、活益菌及紅豆口味。
原耕美味奶香餐包	5元／個	麵包口味軟，奶油為乳白色，比較不甜膩。	麵皮含蛋，內餡則是植物性的安佳奶油，蛋奶素可食。有網友推薦他們家的挪威方塊黑森林巧克力蛋糕比小餐包好吃很多。

爆漿餐包食用要訣

正常烤法：餐包解凍後，烤箱先預熱5分鐘，關電源，利用餘溫烤3分鐘。
火力加強版：正常烤法後，再開小烤箱烤30秒～1分鐘。
先找灌漿點，烤完後記得從這個孔開始吃，不然會爆漿到滿手都是。
給小朋友食用，記得要放涼一下下，避免被裡頭的奶油燙到。

團購達人 真心話

目前這7家餐包很難排出個喜好順序，各有各的優缺點，有的太難買，有的奶油太甜，有的麵包太乾，還是要吃吃看才知道自己喜歡那一個！不過很好奇的是，這波餐包熱潮到底可以延燒多久？
倒是住在高雄的網友chin表示，已吃過三郎、原耕、良美、奧瑪等4家餐包，如果是現買現吃(或者不要冰放置隔天早上)基本上口味都不錯，但是每次買了帶回台北，冰過後再烤全都變了味，建議喜歡吃餐包的人直接搬去高雄住。以目前發展趨勢看來，這個建議的確很中肯。

information

大伙相招來團購！ 97年10月30日製表

品名	售價	運費	保存期限
良美餐包	原味35元／12個 奶油40元／12個 奶酥50元／12個 巧克力50元／12個 起司50元／12個 香蒜片60元／24片	1箱(10包)150元 2箱(20包)210元 3～4(30～40包)箱270元	冷藏1週 冷凍2週
美奇餐包	25元／9個	未滿2,000元需加運費120元	冷凍1週
巴特里餐包	50元／10入	優惠：單次消費購買滿30包以上(包含)，每滿10包再送一包 運費：1～6包150元 7～15包200元 16～33包270元	冷藏1週 冷凍1個月
MILK17黃金冰火餐包	奶油50元／10入 奶油芝麻60元／10入	優惠：消費滿20包贈送1包，滿100包贈送6包 運費：1～6包140元 7～15包190元 16～28包240元	冷藏5天 冷凍1個月
好佳香餐包	12～14元／包／2顆	新竹地區達一定數量有外送外縣市可能要請人代買，或是宅配數量不要太大。	冷藏5天 冷凍1個月
奧瑪奶油餐包	奶油100元／20顆 原味100元／25顆	1～14包220元。	常溫3天 冷藏7天 冷凍1個月
原耕美味奶香餐包	50元／10入	優惠：買10包送1包 運費：1～6包運費150元 7～15包運費200元 16～25包運費270元 26～35包運費450元 高雄市區500元以上免費專人配送服務	常溫3天 冷凍1個月

店家資訊

高雄良美小餐包
地址：高雄市鼓山區葆禎路68巷55號
電話：(07)585-5315

高雄美奇餐包
地址：高雄縣大寮鄉江山村江山路73-4號
電話：(07)701-8348

高雄巴特里餐包
賣場：http://tw.user.bid.yahoo.com/tw/show/auctions?userID=k54789090
地址：高雄市苓雅區英祥街39號
電話：(07)713-8386、0917-611-901

MILK17黃金冰火餐包
網址：www.milk17.com.tw
電話：0800-668-817

新竹好佳香餐包
地址：新竹市東南街249號

高雄奧瑪烘焙
網址：http://www.auma.com.tw/product.html
電話：0800-522-168

原耕蛋糕坊
賣場：http://tw.user.bid.yahoo.com/tw/user/e5575099
地址：高雄市左營區裕誠路147號(河堤公園旁)
電話：(07)557-5099

捨不得與人分享的美味
輕軟可口・戚風蛋糕

一向愛吃甜點的我，年輕的時候吃再多也不怕，但上了年紀之後，新陳代謝變慢，身材因此很難控制與恢復，所以就算再愛鮮奶油、現在也只敢淺嘗即止。除了自我克制之外，儘量選擇自然風味的甜點，這時不必夾餡抹油，沒有多餘綴飾的戚風蛋糕，就是最好的選擇之一。

Siki戚風蛋糕
400～420元／個
大小：8吋
口味：香蕉／伯爵紅茶

臻果戚風蛋糕
90元／個
大小：6吋
口味：原味／巧克力

Siki戚風蛋糕

Siki的戚風蛋糕在網路上一直有好評價，特色就是手工‧低糖‧低卡，走的是高品質健康路線。本來礙於價格因素一直下不了手，但蛋糕的價格還是隨著物價一路上調，由300元漲到350元，等到我們終於忍不住下手時，入手價已經變成400元，心動果然真的就該馬上行動啊！

戚風蛋糕盒裝，盒上貼紙標明口味、成份、製造日期等資訊。

魔鬼甄及鳥先生的最愛！

Siki的香蕉戚風蛋糕，慢慢撕下來品嘗，有一種樂活當道的感覺，不甜膩的程度，連鳥先生也稱道。

Siki戚風蛋糕有很多口味可供訂製，在參考網路的評價後，我們下訂了入門款，香蕉戚風和伯爵紅茶戚風各一。

伯爵紅茶戚風

香蕉戚風

香蕉戚風蛋糕（420／個）

滿佈的香蕉纖維

8吋香蕉戚風蛋糕下訂單後需等5天(香蕉熟透後)才能開始製作，從蛋糕表面就看得到滿佈的香蕉纖維。入口軟綿，有點濕又不會太濕，香蕉的果香味剛剛好，甜度不高，吃來負擔少，罪惡感也低。

伯爵戚風蛋糕（400／個）

滿佈的茶葉粉末

8吋伯爵戚風蛋糕也是從表面就看到滿佈的茶葉粉末。在口中會夾雜茶葉粉末的清香顆粒感，鳥先生覺得茶香味算重，口感比香蕉戚風來的乾鬆紮實，兩種戚風的口感差異頗大。

新竹臻果戚風蛋糕

這家臻果手工烘培的戚風蛋糕是趕在漲價前訂購的，盒裝設計簡潔，蛋糕很迷你，直徑只有14公分，高約4.5公分。有原味及巧克力兩種口味，採用同樣的盒裝，上面會蓋有口味來識別，盒側有製造日期小標籤。

兩種口味上面都有糖霜，不會很厚，戚風蛋糕體的彈性不錯。原味吃起來帶點蛋香，不會乾乾的；巧克力不算濃，但味道蠻剛好的。

跟之前吃過的幾款平價布丁蛋糕相比，感覺比較小巧精緻，臻果的戚風蛋糕口感較濕，巧克力還要更濕一點。

原味　　　　　　巧克力

誰是大贏家

品名	價格	尺寸	口味	網友留言分享
Siki工坊戚風蛋糕	伯爵／400元 香蕉／420元	8吋	伯爵戚風乾鬆紮實有茶香，香蕉戚風濕潤鬆軟有果香。	蛋糕為減糖低油配方，口感用料紮實，吃的時候感覺得出是高檔蛋糕。
臻果戚風蛋糕	原味／90元 巧克力／90元	6吋	小巧精緻，有原味及巧克力兩種口味。	這個蛋糕真的很迷你，盒子很大，看到時很覺得很便宜，打開看到如此迷你的蛋糕就有點失落，不過加上糖霜是真的還蠻好吃的！

團購達人 真心話

在做消費決策時，口袋銀兩多寡與兼顧健康常常是我們衡量的標準。如果不是很常吃，Siki戚風蛋糕有著烘培人用料的堅持與作工細膩，讓人吃的很放心。不過當口袋不允許時，平易近人的百元蛋糕，也不失為解饞的好選擇，畢竟填飽肚子後才能追求更高的享受。

information

呼朋引伴一起來！ 97年10月30日製表

品名	售價	優惠	保存期限
Siki工坊戚風蛋糕	400元 420元	裝箱大小60公分以下 低溫：台北縣市120元、外縣市130元； 裝箱大小90公分以下 低溫：台北縣市170元、外縣市180元； 裝箱大小120公分以下 低溫：台北縣市220元、外縣市230元	密封冷藏5天
臻果戚風蛋糕	90元	新竹市區單筆滿1,000元可外送，每箱以24盒為單位免運費(單一地址)	夏季室溫1天 冬季室溫1天 冷藏3天

店家資訊

Siki工坊戚風蛋糕
網址：http://www.wretch.cc/blog/sikimade/29775774

臻果手工烘培
網址：http://www.ckbakerhouse.com/
電話：(03)530-6001
手機：0913-598-766

ELATE®

依蕾特

Pudding . Flan

不加一滴水，以鮮奶替代水

經典布丁奶酪系列 Classic flavors of pudding & flan

價格已含運費/最低訂購量2盒

訂購總數達	2盒以上	6盒以上	12盒以上	24盒以上	60盒以上
價格	$400/每盒	$380/每盒	$360/每盒	$350/每盒	$340/每盒

迷你鄉村田園系列 Rural flavors of mini cup flan

價格已含運費/最低訂購量4盒

訂購總數達	2盒以上	4盒以上	8盒以上	24盒以上	56盒以上
價格	$230/每盒	$200/每盒	$190/每盒	$180/每盒	$170/每盒

經典布丁奶酪系列

鮮奶布丁

可可奶酪

芒果奶酪

杏仁奶酪

迷你鄉村田園系列

奶油地瓜酪

奶油紅豆酪

新品泡芙亮相

泡芙一直在我的甜食排行榜上有名，每次去麵包店，只要看到架上有泡芙，就像著了魔似的，不夾一個總覺得對不起自己，也因此，之前最熱門團購的豆酥朋泡芙我就接連跟了不下5、6團。而隨著消費市場的多元化，泡芙也推陳出新，酥皮、脆皮通通出籠，內餡也變化多端，尺寸要小要大任你選。

米詩堤黃金泡芙
價格：35元～
口味：原味、地瓜、紅豆、巧克力
尺寸：約9公分

伴點泡泡泡芙
價格：11.7元／顆
口味：原味、巧克力、咖啡、抹茶
尺寸：約5公分

瑞芳米詩堤黃金泡芙

米詩堤甜點王國的店址位於明燈路一段18巷內,這條路好像也是往九份的必經之路,Garmin GPS設定為明燈路一段就看得到,在下橋後左手邊。店面為一棟二層樓的建築,一樓還特別漆成藍白風,右邊還有規劃一小塊露天咖啡座。

進了店內才知道,裡面不只賣泡芙,還有多種甜點蛋糕,網路上有人說老板為前亞尼克的員工,但這次只買泡芙,無法和亞尼克的蛋糕PK一下。

所謂黃金泡芙,就是酥皮包地瓜泥,泡芙的尺寸很大,跟一般麵包差不多大。灌地瓜泥的孔在後面,誘人的剖面圖,外皮酥酥的,裡面包的地瓜泥不會很甜,吃完一大顆意外的不會膩,我和鳥先生都覺得地瓜餡泥的口感很優。

鳥先生的最愛!
一向對泡芙沒特別喜好,硬要挑一個的話,低甜度的米詩堤,算是裡面的首選。

米詩緹的外帶提袋,左邊盒裝可塞4個泡芙,右邊為單顆泡芙盒裝。我們買了岩石泡芙(香草)、黃金泡芙(酥皮地瓜)、脆皮泡芙(紅豆)、巧克力泡芙,總共5大顆。

岩石泡芙

岩石泡芙(香草、紅豆)泡芙外觀長得差不多。這家在泡芙界中,尺寸算較大的。紅豆泡芙內餡有空心不飽滿(不知是否為常態?),紅豆餡同樣很低糖,紅豆顆粒感十足。

脆皮泡芙

脆皮泡芙口感很好,允嘉愛得很,一直挖表面的脆皮顆粒來吃。內餡也很滑順,完全不甜,感覺上在吃低糖口味的泡芙。巧克力泡芙外觀明顯與以上兩款不同,酥皮還崁入幾顆巧克力。巧克力味道夠帶點微苦,其他感想同紅豆和岩石泡芙。

另外,原本店家在泡芙宅配時會用特殊盒裝,所以每個售價都要再加5元,不過被網友批評後現已取消這樣的措施,想吃好吃的泡芙不妨安排個九份金瓜石基隆一日遊,回程再順路去瑞芳兼採買啦!

感覺上酥皮和脆皮的泡芙皮口感都不錯,內餡也都很滑順,4種口味甜度都相當低,其中以黃金泡芙的地瓜餡甜度稍高一點點,但還是不會顯甜。一向不愛吃甜食的鳥先生,覺得甜度剛剛好,很合他意。

伴點泡泡泡泡芙

伴點泡泡是最常被網友拿來和豆酥朋比較的泡芙,豆酥朋的迷你泡芙雖然持續長紅,但有不少網友對他們目前的品質和服務態度頗有微詞,轉而訂購服務親切的伴點泡泡。

之前因為大量訂單的湧入,老闆的身體負荷不了,而休息好一陣子,直到最近才又重出江湖。重出江湖訂單依然是大量湧入,打電話跟老闆訂貨時,老板説最近都在加班趕工,會多做幾盒以應付突發狀況,因為不想費時等團購,所以這次鳥先生親自到中和華夏工專旁的工廠取貨,不過老板有但書,取貨時可能只有2~3盒,口味也不確定。

魔鬼甄與允嘉的最愛!
不管是那一家的泡芙,只要是原味的我都愛!

最後入手時,運氣還不錯,目前的4種口味原味、抹茶、巧克力和咖啡各分到一盒。

46

伴點泡泡重出江湖的新盒裝和豆酥朋新裝版類似，但無單顆塑膠包裝，一盒6顆賣價70元。臨走前問了老闆食用和保存方式，老闆說冷凍保存，食用前先退冰60～90分鐘，就是最佳食用狀態。

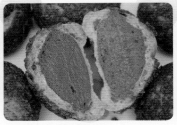

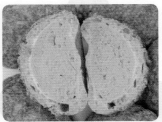

原味泡芙

滑潤爽口最得民心，買回家直接享用，酥皮聞起來好香，完全沒受潮，冰涼酥脆可口。

巧克力泡芙

出乎意料的味濃不甜膩，鳥先生覺得吞下入口後，有一點巧克力微苦的後勁，允嘉在吃完原味泡芙後接續巧克力泡芙，咬了一口就換回原味，完全不給巧克力面子，我倒是覺得挺不錯的。

咖啡泡芙

同樣是味濃不甜膩，咖啡的苦味比巧克力明顯，甜度較巧克力低，感覺上是比較成人的口味，不過表現仍算一般，沒那麼驚豔。

抹茶泡芙

抹茶味一般，雖然也是不甜，但奶油吃起來比較會覺得膩，還是在日本吃到的抹茶泡芙比較道地耐吃。

誰是
大贏家

隔天早上退冰半小時後再嘗，酥皮還是同樣酥脆，但奶油有點過冰，可能還要再放一點時間比較剛好。當次吃到的泡芙內餡都很飽滿，比較少有類似豆酥朋的半空心情形出現，感覺填充時有比較用心。以我個人的口味，原味和巧克力都很好吃，不過還是原味最百吃不膩。而鳥先生覺得奶油內餡的滑潤程度小輪給豆酥朋，但服務態度和填充用心飽滿度大勝豆酥朋，至於外面的酥皮真的有酥，不用烤口感就一級棒，可惜還是會掉屑，吃的時候要小心點，免得招來螞蟻大軍。

品名	價格	尺寸	口味	網友留言分享
米詩堤泡芙	35～40元／顆	大	不論是酥皮或是脆皮口感都不錯，內餡滑順甜度低，雖很耐吃但稍嫌不夠味。	一般評價較高的口味是黃金泡芙及巧克力泡芙，包地瓜餡的黃金泡芙，口感獨特、甜而不膩最受歡迎，巧克力味道十足也受稱讚。
伴點泡泡泡芙	11.7元／顆	小	酥皮有酥，內餡飽滿又滑潤，我們家極愛原味及巧克力口味。	評價有超越豆酥朋的趨勢，餡料很紮實，6個抵8個，每一種口味都有好評，還出了黑芝麻新口味。

店家資訊

瑞芳米詩堤甜點王國
官網：http://www.misty-cake.com.tw/
地址：台北縣瑞芳鎮明燈路一段6-1號
電話：(02)2497-6296

伴點泡泡泡芙
地址：台北縣中和市工專路141號1樓
電話：(02)2947-8166
手機：0988-313-266

information

呼朋引伴一起來！ 97年10月30日製表

品名	售價	運費	保存期限
黃金泡芙	40元	3,000元以下：150元	冷藏2天
岩石泡芙	35元		
紅豆／巧克力泡芙	40元	3,000元以上免運費	
伴點泡泡泡芙	70元／盒(6入)	30盒以上免運費	冷藏3天 冷凍7天

團購達人 真心話

米詩堤的泡芙甜度很低，雖然低糖可減少甜膩感，但我覺得還是應該增加點甜度，才能充份感受到吃甜點時所帶來的幸福感。至於伴點泡泡則常被拿來跟豆酥朋相比。我個人對豆酥朋已經免疫，但如果愛吃豆酥朋泡芙的人，應該也會喜歡伴點泡泡泡芙，兩家的口味差不多，原味都比巧克力好吃，豆酥朋泡芙的價位較高。這陣子萬事萬物都上漲只有薪水不漲，看來日子真的越來越不好過，想吃美食更要花在刀口上。

遠距麵包隨手得
美味麵包大集合

一向以附近住客為訴求的街角麵包店，長久以來是街坊鄰居止餓的好所在。還記得小時候4點放學回家，距離晚餐開飯時間還有一段時間，走個幾步路去隔壁麵包店抓個麵包回來啃，是每天必做的事。曾幾何時，麵包店也順應時勢，跨出步伐做起宅購的生意來！看來想吃好吃的麵包，已不一定要在住家附近尋找，透過宅配，台灣各地美味麵包，隨時隨地就在你身邊！

一之軒羅宋麵包
價格：49元

★**特點** 集油香鬆於一身
就算怕熱量上身
但說什麼也要吃下肚！

法蘭司維也納牛奶麵包
價格：39元

★**特點** 麵包有鹹度，具咬勁夾心為黃金奶油
加砂糖帶有沙沙顆粒口感。

台南葡吉羅宋麵包
價格：50元

★**特點** 香氣襲人，紮實中又鬆軟
又奶又香又油
真是女人的大敵！

★ 特點　出國比賽得冠軍的麵包微波加熱後軟中帶嚼勁再送入烤箱後吃起來酥酥香香的。

帕莎蒂娜酒釀桂圓冠軍麵包
價格：350元

金時代香頌法國麵包
價格：40元

★ 特點　香軟不油膩，甜中帶鹹，完全不膩，很耐吃。

方師傅羅宋麵包
價格：50元

★ 特點　麵包色澤偏黃口味略油，最外層帶點酥。

金時代香頌法國麵包

桃園龜山金時代麵包店的香頌法國麵包最近在網路上很夯，常常看到有人在開團，因為距離公司很近，某天請假提早下班時，剛好是出爐時間，就順便繞過去買。金時代麵包店就位於龜山後街上，從外觀裝潢看來就是很一般的市集麵包店，經過完全不知道裡面藏了熱賣的法國麵包。

學妹Weiwei笑說這是「偽」法國麵包，很像市場裡面有動物造型吃起來軟軟的那種麵包，她最常買的是小豬造型。

允嘉的最愛！

金時代的法國麵包，烤完後酥香好吃，連我也淪陷，一直喊著要再吃！

香頌法國麵包

回家實際試吃後，果然買太少！我和鳥先生都覺得不錯吃！單吃不會覺得油膩，而且也不乾，外表看起來很硬，但咬下去卻是軟的，就連最外層的黃皮都是軟的。中間夾心不多，甜中帶點鹹味，完全不膩，很耐吃。而且直接順著紋路咬，比工整切片來的好吃，較有層次感。

一開始看到這法國麵包，完全感覺不出網路上形容的美味貌，老實說，以往看到這類麵包，我壓根沒興趣，總覺得吃起來應該就是乾乾硬硬的，不甚好吃，所以在現場看到原物時，只意思意思買了3條，還被老板娘笑說從台北特地跑來，會不會買的太少了啊？

最外層的黃皮都是軟的

中間夾心不多，甜中帶點鹹味

香蒜麵包

另外金時代的香蒜麵包在網路上的評價也不錯，正面塗香蒜，反面是土司邊。表面塗的香蒜醬均勻，不會過鹹，但土司本身的口感就沒有法國土司來得優，我和鳥先生都覺得一般，這個只買兩條完全不嫌少！

兩種麵包都切片後送進烤箱，香蒜麵包的表現仍屬一般，但法國土司烤過後的口感完全不同，組織帶有酥脆且依舊維持一定的軟度，夾心有點融化好好吃！我個人覺得這金時代的法國麵包香軟不油膩，順口好吃，連小允嘉也非常愛，一連吃了兩天，回婆家吃飯時，他還跟堂弟分享這兩天吃到一種很好吃的麵包。鳥先生則是覺得口味有比一般好一點，單純就是好吃，並沒有特別驚艷的感覺。

至於很多人都會關心的保存期限，老闆娘也說不出個準，就說買回去像肉類一樣放在冰凍保鮮，要吃的時候拿下來退冰即可，問說還需不需要烤過，她說買的人說不用，她也不知道。只能說店家往往只專注在生產線上，思考如何作好吃的的產品，但之後要如何保鮮、怎麼吃才最好吃，搞不好有實戰經驗的消費者比他們還專業哩！

法蘭司維也納牛奶麵包

法蘭司蛋糕店的維也納牛奶麵包也是最近很夯的團購美食，麵包約20公分長左右，長的有點像迷你版的福利大蒜法包，中間抹醬為金黃誘人色澤。

這奶油醬除了色澤誘人吃起來還有帶點砂糖的顆粒感類似福源花生醬。

魔鬼甄的最愛！

一向偏愛甜口味麵包的我，法蘭司維也納牛奶麵包，奶油甜又多，最得我心！

後來有用小烤箱烤了一分鐘後食用，麵包變得外酥內軟，但內餡則因融化而失去沙沙顆粒的口感，有一好有一壞，建議烤的時間再縮短一點會比較優。咬得太大

力時，奶油還會從邊邊擠出來，現在的流行語稱之為爆漿。強烈建議不要以微波爐加熱食用，若要加熱請用一般家用烤箱預熱到200度，烤3～5分鐘就是美味一絕啦！

切塊後和允嘉分著食用，因為店家建議常溫食用，不用烤箱加熱也行，所以吃起來完全不費工夫，如果打算一次解決一整條，甚至不需要動刀來分切。奶油醬塗得不少，每口麵包都吃得到奶油，吃完一陣子還是滿嘴油油香香的奶油味。麵包本身的口感不算軟不算硬，有鹹度，算是帶點筋性韌度，有咬勁的麵包。

最近在網路上好像有看到另一種香蒜口味，法蘭司蛋糕店內販售的其他蛋糕也都有不錯的評價，例如天使蛋糕也是大家開維也納麵包團時會順便加購的品項。由於都只有吃到一個，根本不夠看！老公，我都想再吃！！（想像一位中年婦女化身成肯德雞小孩的模樣！）

方師傅招牌羅宋麵包

方師傅點心坊的招牌羅宋麵包，也是我的團購商品之一，羅宋麵包的尺寸比平常的麵包大很多。附的紙袋上面有重覆使用環保的活動，加分！紙袋上有印地址電話。

宅配時有附上食用說明和塑膠麵包刀，切3～4片準備待會來上抹醬。烤箱預熱後烤兩分鐘，直接照章行事，結果麵包有點小焦。

方師父羅宋麵包的組織顏色偏黃，烤完後麵包的口感鬆軟，口味略油，最外層帶點酥的話，奶油說不上很香。整個吃起來有點像較軟較不油的三峽金牛角，感覺上並沒有網路上形容的那麼美味，不過也有可能不適合宅配，要當場吃才知真滋味，當然這只是我個人的感覺。

家裡剛好還有馬英九牌福源花生醬的庫存。我們怕花生醬烤完後會過乾，所以是麵包烤完後才抹上，但因為太貪心抹過厚，羅宋麵包的味道竟完全被花生醬給蓋掉，只有感覺到麵包軟軟的口感。

後來改抹上蘿拉手工焦糖核桃抹醬和紅豆牛奶抹醬，這次謹記下手要輕，麵包的味道有比較出來一點，甜甜的抹醬搭配帶點鹹味的羅宋麵包，整體還算順口。

一之軒羅宋麵包

吃了方師父羅宋麵包後，又去買了一之軒的羅宋麵包，這款麵包未烤熱直接吃，嚼久了還蠻香的。烤酥之後口感大升級，後來我們又在上層鋪了新竹sofia冰淇淋，上冰下酥熱，冰火二重天！

入寶山豈能空手而回，鳥先生還帶了別款麵包回來嘗鮮。

丹麥波蘿麵包

架上有兩大盤，因為上面標了「店長推薦」才下手，聞起來有香，表皮有酥，內層略乾，一般水平。

芋泥麵包

中間的芋泥餡很軟綿，有芋頭顆粒，口味偏甜，也是一般水平。

桂圓核桃蛋糕

桂圓蛋糕比一般的小，顏色較深，表面看起來油亮油亮，桂圓顆粒不大，分布均勻，吃起來口感偏濕偏黏，口味也是偏甜。

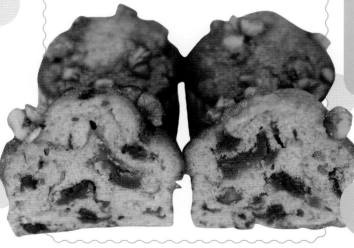

之前聯合報有針對8家桂圓蛋糕做出評比(沒有寶珍香)，一之軒的桂圓蛋糕還獲評選為第一名，第二名是順成、第三名是多柏思，前二名剛好都吃過，但本人還是最愛寶珍香。才剛下這個結論，鳥先生靈機一動把冰箱內僅存的一個拿去微波40秒後再烤個1分鐘，沒想到口感大大升級！

烤過的桂圓核桃蛋糕外層非但香酥，且大大改善組織體原本偏濕偏黏的口感，稍微烤熱後竟變得恰到好處，很有蛋香，原本較甜較油的感覺也都不見。沒想到直接吃表現一般，烤過後竟大翻盤，真是始料未及！

因為家中剛好有著高雄方師傅與一之軒的羅宋麵包，二話不說，馬上來PK一番
一南一北比較兩家口味的異同。

南北大PK

方師傅 V.S. 一之軒

價格 只差1元，一之軒羅宋賣價49元
高雄方師傅羅宋麵包賣價50元

一之軒羅宋麵包

高雄方師傅羅宋麵包

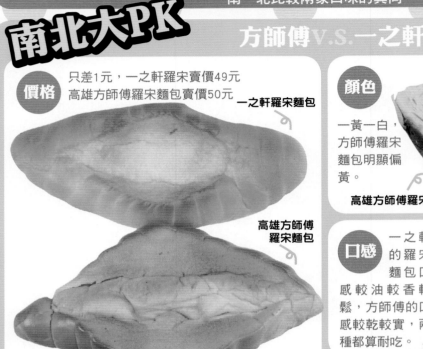

顏色 一黃一白，方師傅羅宋麵包明顯偏黃。

一之軒羅宋麵包

高雄方師傅羅宋麵包

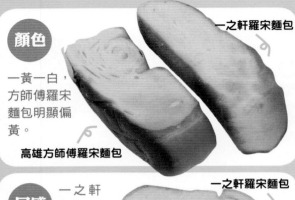

口感 一之軒的羅宋麵包口感較油較香較鬆，方師傅的口感較乾較實，兩種都算耐吃。

一之軒羅宋麵包

高雄方師傅羅宋麵包

共通點：滿手都是油！

台南葡吉羅宋麵包

在好吃羅宋麵包大募集一文中，有不少網友留言推薦台南葡吉的羅宋麵包，據說是當地知名麵包店，得抓對時間去才買的到。雖然感覺沒那麼容易，但台南大廚師的網友霏還是相當熱心的幫我搶到寄上來，實在是揪甘心！

這次還是同樣吃法，退冰後，切片送入烤箱，烤過後外酥內軟，口感微乾。

葡吉羅宋麵包算是紮實型，比師大一之軒羅宋乾硬一點，比高雄方師傅羅宋鬆軟一點，香氣3家各有不同。

冰箱內還有sofia芒果冰淇淋的庫存，烤完後抹上，繼續冰火二重天的享受，上冰下熱，上滑下酥，爽！

以個人的口味而言，台北一之軒羅宋>=台南葡吉羅宋>高雄方師傅羅宋，但一之軒是當天出爐現吃，葡吉和方師傅是冷藏宅配，可能會吃上點小虧。

高雄PASADENA帕莎蒂娜酒釀桂圓冠軍麵包

「高雄帕莎蒂娜烘培坊」寄來試吃品，裡面有手工焙果、酒釀桂圓冠軍麵包和手工煙燻鮭魚，店家有附上產品解說和食用說明，開箱的初步印象是屬於高檔價位產品。

原味焙果

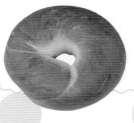

我們搭配燻鮭魚來享用，好吃！

墨魚焙果

裡面還有包小起司塊，焙果本身口感還不錯，但我吃不太出來墨魚汁帶來的效果。

4種焙果全吃過一輪後蔓越莓得第1原味居次墨魚第3芝麻墊底

蔓越莓焙果

吃起來有果香，我們一半有抹芥末美乃滋，一半直接吃，兩種都好吃，芥末美乃滋完全不嗆，微酸不搶味，剛好家裡有水煮鵝蛋，切片來配，鵝蛋半透明蛋白的口感很特殊，與焙果一搭簡直完美極了！

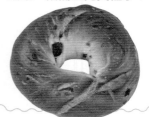

芝麻焙果

口感偏硬，完全不對勁，不知為什麼和其他3種口味差那麼多？

酒釀冠軍麵包伴手禮包裝版

酒釀冠軍麵包伴手禮包裝版，真的很大一顆，酒味加桂圓的味道有點重，核桃和桂圓不少，分佈的很平均，每口都吃得到。鳥先生覺得桂圓很好吃，微波加熱後軟中帶嚼勁，再送入烤箱後，酒味會變比較少，吃起來酥酥香香的。

此款麵包是在近兩年世界盃麵包大賽中獲獎的麵包，出身不凡。儘管店家一開始就知道我不愛桂圓，依舊送上自信代表作，但仍無法突破我的心房，嘗了一口就嘟給鳥先生代為解決。

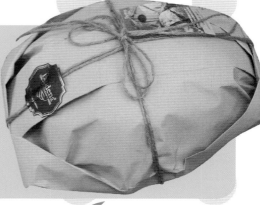

這次試吃就屬燻鮭魚最讓人驚艷，新鮮度沒話說，吃完還意猶未盡，高檔食材果然留下深刻的印象。芥茉美奶滋抹土司及焙果都很對味，焙果的評價有好有壞，巨型酒釀冠軍麵包，本來就不是我的愛吃的東西，沒辦法給感想，鳥先生喜歡就好。

誰是大贏家	品名	價格	尺寸	口味	網友留言分享
	金時代法國麵包	40元	一般長條狀	香軟不油膩，夾心不多，但甜中帶點鹹味，完全不膩，很耐吃。	這是台灣人口味的超台麵包，也有人說它像蘋果麵包，所以小朋友應該會喜歡吃，大人則覺得還好，中間的奶油餡是鹹的，蠻香的，可惜太少了，中間才有，頭尾都沒有。
	法蘭司維也納牛奶麵包	39元	一般中等Size	麵包有鹹度，具咬勁，夾心為黃金奶油加砂糖，帶有沙沙顆粒口感。	有人覺得麵包有嚼勁，內餡很香，砂糖的口感有畫龍點睛的效果。不過也有網友說麵包口感很好，奶油也給的實在，但奶油有點太甜了。
	方師傅羅宋麵包	50元	大	麵包色澤偏黃，口味略油，最外層帶點酥，單吃的話，奶油說不上很香。	要剛出爐的才好吃，常常為了吃方師傅的羅頌，從屏東騎到高雄，雖然真的有點偏油！羅頌過了一天，口感真的就有差了！也有人反應方師傅的羅宋麵包偏油膩，香料味太重。
	一之軒羅宋麵包	49元	大	集油香鬆於一身，是好友凱伊大讚好吃的麵包，就算一向嚴格控管熱量怕胖的她，說什麼也要吃下肚！	除了羅宋必吃之外，一之軒的明星商品還真不少。網友推薦綠豆冰糕、蔥麵包、鹹麻糬、德國鹹乳酪、竹碳麻糬菠蘿及吐司等，其中綠豆冰糕有很清爽的口感，不會很甜，但是吃的時候會感覺有綠豆的濃郁香氣！另外這裡的吐司則超正點，QQ軟軟好像棉花糖一樣。
	台南葡吉羅宋麵包	50元	大	香氣襲人的羅宋麵包，這次還夾帶著台南網友的愛心味。紮實中又鬆軟，又奶又香又油，真是女人的大敵！	葡吉的羅宋麵包在剛吃爐的時候真的很好吃，可是放涼了就變的普通，較推薦他們的奶露麵包 每次到台南都忍不住要買10條回來，沒吃完可以放冰箱，烤一下奶露會融化，奶露的味道有點像良美的起士餐包的奶油味，但是更香。
	帕莎蒂娜酒釀桂圓冠軍麵包	350元	巨大	核桃和桂圓分布很平均，桂圓口感不錯，微波加熱後軟中帶嚼勁，再送入烤箱後，酒味會變比較淡，吃起來酥酥香香的。	他家的麵包真的不錯，我家人喜歡他的土司，很鬆軟、很香。比起這裡的其他麵包，更適合老人、小孩入口。我都買巧克力土司、紅豆土司、黑糖土司跟青醬麵包，不過真的有點貴。

團購達人 真心話

自己算是個愛吃麵包的人，尤其懷孕時期，飯後沒有麵包做Ending，根本無法滿足我，所以後來會胖到一個地步也是自作孽（請小心熱量）。不過愛吃的麵包其實就那幾種，要不是團購風氣盛行，新流行的法國麵包、維也納牛奶、羅宋麵包等，平常進麵包店很少會挑來嘗鮮，但會走紅的東西自然有它的道理。

法蘭司維也納牛奶麵包是第一次團購的好吃麵包，吃了一家就會想再試試另一家，看看有什麼不同，羅宋麵包也是。曾經在好友凱伊的網誌上看過有人推薦一之軒、永和伊貝莎、新店吉川和台南葡吉這幾家麵包店的羅宋麵包，已經進攻一半啦！這幾間麵包店中，評價最高的是台南的葡吉，據網友回報，每到下午兩、三點麵包出爐的時間，整間店擠的水洩不通，還要請人在門口管制交通。不少網友來推薦他們家的奶露麵包，及一天才出爐20個的「肉角麵包」，看來下次去台南，不去拜訪一下是不行的啦！

不過也有網友分享在吃過師大一之軒、新店吉川、敦南朋廚、忠孝新生黛麗斯和台北車站綠灣後，最喜歡的是永安市場的布列德，他形容「鹹度剛好、奶香濃郁、內底細緻」，看來又是一項必嘗的美食之一，但鳥先生竟叫我留待下一胎再進攻。…

鳥先生的最愛！

從小最愛吃的就是鹹的麵包，尤其是蔥麵包，甜的麵包對我來講都差不多。

店家資訊

桃園金時代西點麵包店
地址：桃園縣龜山鄉中興路一段17號
電話：(03)329-6468
　　　(03)350-1166

Baking法蘭司蛋糕
網址1：http://www.bakehouse.com.tw
網址2：http://www.bakingplaza.com.tw
總店：台北市建國北路二段151巷30號
電話：(02)2517-1593
敦北店：台北市敦化北路155巷5號
電話：(02)2718-5678
伊通店：台北市伊通街32號
電話：(02)2502-8446

方師傅點心坊
網址：http://masterfang.com.tw
網店地址：高雄市前鎮區瑞北路138號
一心店：高雄市前鎮區一心二路82號
電話：(07)717-2730
　　　(07)537-2730

一之軒時尚烘焙
網址：http://www.ijysheng.com.tw/
地址：台北市師大路53號
電話：(02)2362-0425

台南葡吉食品有限公司
一店：台南市成功路200號
電話：(06)226-3593
二店：台南市成功路253號
電話：(06)227-6999

高雄帕莎蒂娜烘培坊
網址：http://eshop.pasadena.com.tw
電話：(07)350-6269

information

大伙相招來團購！ 97年10月30日製表

品名	售價	運費	保存期限
金時代法國麵包	40元／條	買10送1 運費： 800元以下運費150元 800元以上運費100元	冷藏3天 冷凍7天
法蘭司維也納牛奶麵包	39元／條	現場購買3條110元 運費 60條以下：270元 60條以上免運費	不拆包裝冷凍保存1周，退冰30分鐘即可食用。室溫2天
方師傅羅宋麵包	50元／條	訂購滿3,000元免運費	冷凍20天，冷藏5天，常溫1天
一之軒羅宋麵包	49元／條	運費 3,000元以下：150元 3,000元以上免收運費	室溫2天 冷凍7天
台南葡吉羅宋麵包	50元	運費 20條110元 50條190元	常溫4天
帕莎蒂娜酒釀桂圓冠軍麵包	350元／平裝版	購滿2,500元即可免運費 （限網路訂購）	冷凍7天

Part3

鹹鹹填飽胃

鹹鹹甜甜 涮嘴得不得 一口接一口 就是要吃到飽

Amy的港式點心之家蘿蔔糕・幸福の味正宗港式蘿蔔糕・老克明蔥油餅・龍和蔥油餅・公館廖家宜蘭蔥餅・忠誠山東蔥油餅・周家豆漿店蔥油餅・育遠水餃・喜樂愛心水餃・桃園老鄉手工水餃・小杜手工水餃・于家山東水餃・天使雲吞・蕃茄主義

蔥與餅的完美結合
愛上蔥油餅

吃過許多美味的蔥油餅，或許是夜市的某一家固定攤位，或是隨地遊走可移動的發財車，有煎的、有炸的，純餅皮或加蛋任君選擇，這外脆內鬆的多層次口感，擄獲市井小民的心。

不過近年來，含蔥量似乎成為一個很大的賣點，爆蔥誘發食慾，而且更難想像的是，以往現煎現吃的蔥油餅也搭上團購這波風潮！考驗著消費者自己捲起袖子下海煎餅的能力。

周家豆漿店蔥油餅
價格：15元／個
大小：個頭不大但有厚度

龍和蔥油餅
價格：時價(視蔥價而定)
大小：直徑約15公分、厚度約0.8公分

老克明蔥油餅
價格：時價(視蔥價而定)
大小：直徑約15公分、厚度約0.8公分

忠誠山東蔥油餅
(此燈亮有餅)
價格：23元／1/4張
大小：一般薄型

公館廖家宜蘭蔥餅
價格：生的35元／片
煎好40元／片
大小：直徑12公分
厚度2〜3公分

老克明蔥油餅

最早吃到含蔥量高的蔥油餅就屬這家老克明蔥油餅，吃的時候還有點搞不清楚這是蔥油餅，還是全部包蔥的薄韭菜盒。連一向對團購美食沒啥興趣的小叔，看到這般爆蔥量，都直接對老克明舉白旗投降，叫我們下次一定要幫他訂一份！

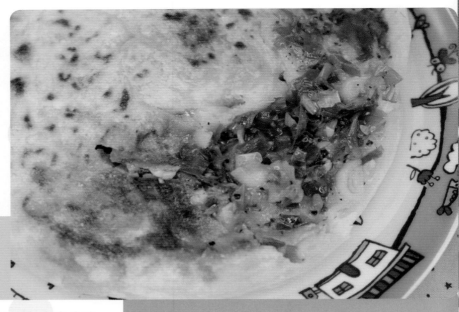

由於訂購人數眾多，電話宅配到貨時間不定，老板說如果直接去桃園取貨，一人最多有兩包現貨，不過還是要事先預訂才有。

老克明蔥油餅有兩種口味，分別是原味和黑胡椒。直徑約15公分，算是大片的蔥油餅，厚度約0.8公分，每片都有塑膠袋隔開。

從表面看不出含蔥量有多高，包裝上有食用說明，說來很簡單，但第一次下鍋還是失敗了一片……

原味老少皆宜，黑胡椒較適合成人口味，嗜辣的鳥先生覺得吃起來特別過癮！但我還是覺得過鹹，一向怕鹹怕辣的允嘉，也認同媽媽的看法，吃一口就退貨。

煎餅自己來

1 先用小火熱油鍋，蔥油餅不需解凍可直接下鍋，等待定型變軟後再翻面，最後轉中火將表面煎至金黃酥脆即可。
只要一開始的定型步驟有成功，就不會煎失敗，煎的時候注意不要壓蔥油餅。
因為蔥油餅會吸油，所以油不要加太多，吃起來比較不會油膩。

2 下油鍋煎後，蔥油表皮開始變透明，這時隱約可以看見裡面暴走的蔥量。若是翻面沒翻好，蔥就全部爆出來啦！這時候轉中火，煎酥表面。

面。兩塊分別採單吃及加蛋的方式，小叔跟小嬸喜歡單吃餅不加蛋，小嬸覺得胡椒味很重，有點小辣，小叔則覺得很夠味。

3 重點是爆量的蔥果然帶來香氣，再輔以煎到表皮硬脆的麵皮，贏得大家的讚賞，不過總覺得餅皮內部的口感吃起來有點糊，如果能改進會更優。雖然單吃已經很夠味，不過我還是從冰箱取出鄰居婆婆自製的無敵美味辣椒醬淋上，口味更上一層樓。

龍和蔥油餅

這次試吃的商品是龍和餐廳的蔥油餅和芝麻薄餅，從廠商的資訊上看來本業好像是龍和大飯店以及龍和餐聽，感覺上是把餐廳的招牌小點推出來宅配行銷，藉以開擴新市場，目標瞄準熱賣的老克明蔥油餅。

宅配箱內第一層是蔥油餅，第二層是芝麻薄餅，兩種餅的大小一樣，直徑都是15公分左右，但蔥油餅較有厚度，因為裡頭塞了大量的蔥，極度類似熱銷的老克明蔥油餅。

因為之前有被老克明蔥油餅訓練過，所以這次龍和餐廳蔥油餅的成功率達到百分之百。

煎餅自己來

1 平底鍋中火燒熱約15秒，加入一大匙清油，轉小火放入蔥油餅，煎至皮呈軟狀時，約2分鐘後翻面。

2 開中小火煎約2分鐘，再翻面各煎1分鐘，煎至兩面金黃色即可食用。

3 冷凍蔥油餅6～7分鐘口感最好吃，冷凍取出後立即煎食，請勿解凍。

小叔第一次看到成品，就以為是老克明蔥油餅，因為內部的蔥量是真的很多，但會集中在某半邊，如果切片食用，挑左邊吃的人是幸福又Lucky，挑右邊的人相形之下很吃虧耶！

因為冰箱還有上次老克明的存貨，馬上拿出來PK一番，老克明蔥油餅也略有左右邊蔥量不等的問題。除此之外，老克明蔥油餅因為放了些許時日，蔥的顏色明顯暗沉，與剛送來新做好一整個翠綠的龍和蔥油餅相比，色澤誘人度有差。

龍和蔥油餅和老克明蔥油餅一樣都充滿暴走的蔥，但龍和的調味沒有老克明那麼鹹，相對的吃起來也不會感覺那麼油。雖然我算是重口味的人，但覺得龍和的調味比較剛好，老克明的蔥則有一定的辣度。

公館廖家食記宜蘭蔥餅

很久之前就叫鳥先生帶我去吃這家公館廖家食記宜蘭蔥餅,但鳥先生總是以人多要排隊當藉口拒絕,看到美食節目的採訪,果真大排長龍,連主持人都在現場乖乖等了20分鐘才拿到。

不過有天鳥先生與好朋友約去永康街喝下午茶,回家時看到廖家宜蘭蔥油餅剛開張營業,還沒什麼客人不用排隊,就順手帶了兩塊回家。煎檯上用的油看起來並不多,攤頭的瀝油網,則應該是分店的標準配備。麵團看起來也很像是中央廚房送來的,感覺上每家分店的品質應該不會差很多。

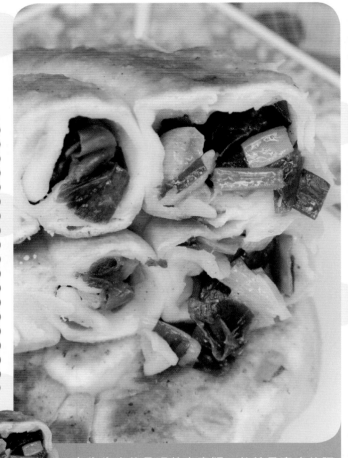

蔥油餅的直徑12公分,厚度約2～3公分,餅皮呈現一圈一圈,裡面包著青蔥,青蔥的量不少,但普遍集中在最外圈,內圈沒夾蔥的部份,吃起來就稍嫌無味。

跟老克明和龍和的蔥油餅比較起來,餅皮內的蔥段較粗大(感覺上蔥比較大根,疑似宜蘭三星蔥),口感青脆含汁,蔥香夾帶著胡椒香,還沒剖半時,一直聞到香味,香氣有點類似水煎包,餅皮吃起來也有點像水煎包,口感有Q但偏厚。

鳥先生吃的是現煎尚青版,他給予高度的評價,我則是品嘗外帶冷藏後烤箱回溫版,與他的食後感有一段差距。所以那天試吃完只感覺宜蘭蔥餅的胡椒有香有辣,不用沾醬就很夠味,而一旁的允嘉怕辣又想吃,只掰了中間的麵團分他嘗嘗,吃了幾口就大喊好鹹,接著灌了一杯水。

不過後來有天肚子超餓,等不及回婆家吃晚餐,在回家的途中就下車買了一個當場啃,真的酥脆可口,胡椒辣味很夠,雖然無可避免有點小油,但真的就是好吃!這餅皮真的好厚,以我大胃王的食量,雖然最後有吃完,但還真是飽到不行。

公館廖家食記的宜蘭蔥餅除了分店擴展快之外,最近也看到有人在網路上宅配冷凍蔥油餅,不過看這餅的厚度,自己煎應該很有挑戰性,無法當場吃卻又肖想的人,儘管試試看!

忠誠山東蔥油餅
（此燈亮有餅）

天母有一間好吃的蔥油餅，以前店址在忠誠路上，後來遷到中山北路六段彎進克強路前段，記不得到底有多久沒來光顧，慶幸的是，雖然換了地方，但口味依舊沒變！

遠遠站在路口處，要辨別還有沒有餅，或是有沒有營業，最簡單的方法就是看招牌有沒有亮！燈亮有餅、燈熄無餅。

一手拿著熱呼呼的蔥油餅，香氣隨著熱氣直撲鼻而來，再也顧不得拍照為先，任憑烏先生一再阻止，我還是執意先吃了再說！
大口咬下，外層酥脆、內層卻鬆軟，有著多層次的絕妙口感，重點是不油膩。沒有添加味素及豬油，再加上鹽也放得少，能夠吃到餅皮的原味麥香，頓時有種幸福的感覺，從口中蔓延到心中。

走到店門口，只見老闆邊轉動正在煎的蔥油餅，邊用鐵鏟把餅弄鬆，不厭其煩一次又一次，將蔥油餅翻弄拍打攤平，並利用3、4個不同溫度的鍋子來作業。這麼用心及費功夫，自然表現在口感上，難怪吃起來麵皮很有韌性但又很鬆軟，與一般的蔥油餅很不同。

這裡採自助式，收錢找錢自己來。老闆娘負責切餅裝餅給客人，我一個不小心把找的錢弄滾到櫃台下，她直嚷著要我不要找，再拿就是，而她也沒有立即去撿，就是不讓摸餅的手碰到任何髒東西。
見我們在拍照，她親切的詢問我們是記者嗎？我們表明只是自己做個記錄，老板娘還是很熱情的招呼我們拍照，甚至叫我們進去亂拍也沒關係。臨走前，想要索取名片，但這裡沒有印製名片，倒是有印了電話號碼的小貼紙給客人。

魔鬼甄與允嘉的最愛！
娘家附近的山東蔥油餅「此燈亮有餅」，酥脆爽口，每次都要買個一大張才夠分。

才沒幾步路的時間，走到停車處甘願拍照時，已經被我吃掉泰半了。真的沒辦法！與昔日舊滋味再度聚首時，總是難掩老朋友見面的那種興奮之情，而失去了應有的理智啊！店裡並不賣生蔥油餅，熱的蔥油餅吃不完可冷凍，要吃時，再拿出來放到小烤箱裡直接烤熱即可。

周家豆漿店蔥油餅

周家豆漿店就在信二停車場旁,中正公園對面,據傳是許多名人的愛店之一,假日大排長龍是正常現象。

店裡招牌小吃並不是豆漿,而是蔥油餅配餛飩湯,非常特別的組合,店內無冷氣,雖有大電扇加持,但夏日用餐環境仍悶熱難耐。1樓活像個大烤爐,2樓座位有好一點點,但吃完還是滿身大汗,這間店比較適合冬天來。

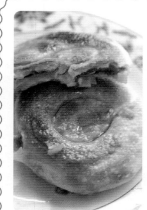

周家蔥油餅比較像燒餅的蔥油餅,做法是麵糰先煎成型後,再送入烤箱經過兩次烘烤。在地人James大哥的建議吃法,純加辣油,鳥先生很喜歡,但我還是習慣單吃純味不沾醬。

蔥油餅皮酥蔥香,咬來含汁夠味,大哥真的很愛這味,一開始就直接點了兩片,而鳥先生吃完也說讚!馬上再追加。另外還點了蛋餅,蔥油餅上面鋪個蛋會使餅皮濕一點,嘗起來沒那麼酥脆。

我們坐在2樓,樓梯旁的3層架放滿長長翠綠的蔥,可見生意之好,需求量之大!另外還有一整排大冰櫃,裡頭盡是前一晚做好的麵團,聽正在包餛飩餡的阿姨說,蔥油餅的麵團一定要放在冰箱醒一下,才會好吃!所以當天吃的蔥油餅,都是用之前做好的麵團,而不是當天做的。

這家店內用區小,大部份都是外帶,而且客人常是50、100個這樣買,可見需要等候一段時間。我是覺得好吃是好吃,但沒有好吃到會讓我願意排隊的程度,感覺上和網路超強評價有點落差。

品名	價格	尺寸	口味	網友留言分享
老克明蔥油餅	時價/片	直徑約15公分 厚度約0.8公分	胡椒味很重，餅皮內部口感不佳，蔥量爆多，調味有點過鹹偏辣。	有網友也反應餅皮的口感不好，充其量就是內餡蔥很多。近期有負評傳出，不少網友回報蔥量減少且蔥的品質不佳，導致在煎的時候沒什麼蔥味。
龍和蔥油餅	時價/片	直徑約15公分 厚度約0.8公分	調味比較適中，蔥量一樣爆多，不過餅皮口感仍然沒那麼優。	有不少網友反應胡椒加太多了，蔥的香味出不來，而且切開後要馬上吃，不然餅皮會被蔥汁弄濕而影響口感。
公館廖家食記宜蘭蔥餅	生的35元/片 煎好40元/片	直徑12公分 厚度2～3公分	餅皮最厚，但口感很不錯，調味重，蔥香夾帶著胡椒香，有辣。	不少網友覺得胡椒有點太辣了，另有網友分享吃宜蘭蔥餅的方法，要繞著圈圈吃，才不會面臨流失湯汁的場面。
忠誠山東蔥油餅（此燈亮有餅）	23元/1/4張	一般薄型	餅皮吃來有層次，外酥內軟，口味清淡不油膩。	和平東路二段也有分店，不過有網友留言說品質比較不穩定。
周家豆漿店蔥油餅	蔥油餅15元/個	個頭不大但有厚度	先煎再烤的方式，降低油膩感。	好友蝌蚪分享她愛吃冷的，直說冷的也好吃。不過也有網友說他家的乾麵，雖只是酸菜加醬油膏的組合，但意外的好吃。

店家資訊

老克明蔥油餅
地址：桃園縣中壢市內壢大華路78號
電話：(03)455-9151、0922-737-267
營業時間：09:00～22:00(週日公休)

龍和餐廳蔥油餅
部落格：http://blog.pixnet.net/longho
地址：中壢市長春一路225號
電話：03)463-5231、0987-003-428

廖家食記公館宜蘭蔥餅
公館總店
地址：台北市南京東路二段115巷20-1號(熟食現場購買)
電話：(02)2363-1183(冷凍團購訂購)
營業時間：11:00～19:00(現場購買時間，週日公休)

忠誠山東蔥油餅(此燈亮有餅)
地址：克強路3號左邊(因為只有半間店面)
電話：(02)8866-1626、(02)2836-4822
營業時間：10:00～20:00
和平分店
地址：台北市和平東路二段118巷44號
電話：(02)2735-2821
營業時間：11:00～20:30(全年無休)

周家豆漿店
地址：基隆市信二路309號
電話：(02)2425-9988
營業時間：04:00～12:00

information

呼朋引伴一起來！　97年10月30日製表

品名	售價	運費	保存期限
老克明蔥油餅	原味蔥油餅1包10片250元(時價，浮動售價) 黑胡椒蔥油餅1包10片250元(時價，浮動售價)	2～3包：200元 4～9包：270元 10～11包：250元	冷凍3個月
龍和蔥油餅	230元／包／10片(浮動售價)	1～2包：150元 3～8包：210元 9～12包：270元 不時有運費促銷活動	冷凍3個月
公館廖家食記宜蘭蔥餅	35元／片	1～70個：150元 70個以上：免運費	冷凍1個月
忠誠山東蔥油餅(此燈亮有餅)	80元／全張 45元／半張 23元／1/4張	現場購買	現吃
周家豆漿店	15元／片	現場購買	現吃

團購達人 真心話

老克明跟龍和皆是以蔥量為賣點的蔥油餅，真要論排名的話，也說不出個高下，不過兩家餅皮都小輸給餅皮更厚的公館廖家宜蘭蔥餅，不過這類厚又大塊的蔥油餅無法吃多，通常一塊就讓你飽到翻，還是一般較常吃到的薄型蔥油餅比較耐吃。
　　到目前為止，天母的「此燈亮有餅」好感度最高，那種外酥脆、內鬆軟的多層次口感，每次吃完就有那種原來平凡不起眼的食物，也能帶給人莫大滿足的感嘆。

阿布丁丁 A-bu@TinTin.Shop

台灣第一家烤布丁專賣店

創業加盟招募中

加盟詳細簡介說明
亦可查詢1111或104人力銀行創業網

 加盟特色

1. 創新產業「網路通路」與「實體通路」的連鎖加盟系統。
2. 台灣第一家「烤布丁」專賣店，開創台灣第一品牌形象。
3. 台灣第一家「手工烤布丁」日量產３萬顆。
4. 符合食品GMP.CAS.HACCP認證之原物料及生產廠的品質。
5. 宅配通、宅急便及各地區專屬車隊，暢貨運補靈活。
6. 多元產品滿足不同時段及不同口味之市場消費所需。
7. 量身訂做門市商圈形態的經營策略，保障區域商圈即保障獲利率。
8. 專業實務輔導經營，完整的 Know-How 移轉，完全導入3S原則化。

 團購價格優惠表

人氣熱賣商品（包裝數）	1盒	4盒	12盒
府城烤布丁（12入裝）	250元	230元	200元
阿布丁丁奶泡芙（18入裝）	250元	230元	200元
旺來碰鳳梨酥（24入裝）	360元	330元	300元
樂活派千層酥（40入裝）	180元	160元	150元
一泡好茶（40入裝）	400元	360元	320元
一杯咖啡（40入裝）	600元	540元	480元
府城燒肉粽（6入裝）	270元	250元	210元

公仔飾品

回饋讀者，以上商品混搭２盒
再送烤布丁造型公仔一隻。
（活動期限至98年元月底止）

Home Service System 家的服務 股份有限公司 0800-058-868 Home.fafafa168.com.tw

香濃醇口的魚湯　回味無窮

林聰明沙鍋魚頭

每到天寒地凍的冬季，最適合全家圍爐同享的團購好產品莫過於熱騰騰的鍋物！拜宅配興盛所致，就連幾年前初嘗後思念不已的林聰明沙鍋魚頭，如今人在家中不用出門也能盡享。

林聰明沙鍋菜
價格：180元／
2～3人

沙鍋菜
一份180元

2006年3月的嘉義阿里山觀日賞櫻之旅，初嘗林聰明沙鍋的美味，至今一直念念不忘，最近終於忍不住下手訂了沙鍋魚頭的宅配，準備在家裡好好回味一番。

魚肉
一份40元

魚頭很大一片，
據說是曾文水庫的鰱魚，
魚肉也很厚！
以上均可單點
或加點。

魚頭
一份150元

煮法很簡單，沙鍋菜退冰後，小火煮沸，
加入魚頭和魚肉，即可上桌。

裡頭有什麼！

沙鍋菜

內含不少火鍋料，如白菜、嫩豆腐、金針、黑木耳和豆皮，還有少許薄肉片，其中的白菜軟爛鮮甜，豆腐口感超嫩，豆皮吸汁入味，肉片仍保有口感。

湯頭

大骨濃湯加沙茶、蒜頭、辣椒和花生粉調味，顏色看起來很嚇人，但吃起來幾乎完全不辣！

魚肉

肉多味美，魚刺少且大支好挑；鱤魚頭顏色夠黑，連婆婆也大力稱讚，邊吃邊說這個讚！

下訂時老闆有說可以自行加料而不會走味，於是我們把中秋節的烤肉片撥一點過來加。由於份量不少，這餐召集小姑、小叔、婆婆共計5人一起享用，大夥吃得津津有味，不過受到包裝的侷限，湯汁給的不夠大方，持續加熱會越來越鹹。好在婆婆爐上還有一鍋高湯可供支援稀釋，原先害怕加了高湯後會破壞原本該有的味道，還好依舊鮮甜不走味！

魔鬼甄及鳥先生的最愛！

湯頭鮮濃，魚肉大塊味美，加麵加飯皆宜。

你不可錯過的選擇！

泡麵

不論吃什麼鍋，都一定要加的泡麵！泡麵中又以維力炸醬麵和科學麵的麵條口感最佳，那天煮了4包，幾乎每個人都要來上一包才過癮！

湯泡飯

吃到最後，無可避免的，湯頭還是會變的比較鹹，這時換白飯上場，剛好中和鹹度。如果晚餐吃不完，隔天早上再來碗熱騰騰的湯泡飯，又是個精神飽滿的開始。

店家資訊

林聰明沙鍋魚頭
網址：http://www.smartfish.com.tw/
中正店
地址：嘉義市中正路361號
營業時間：16:00～22:00
光華店
地址：嘉義市光華路122號
營業時間：15:00～23:00
電話：(05)227-0661

減重期間的我，一開始看到橘澄澄的湯頭上浮滿一層油，自然是皺起眉頭來，但為了品嘗美食，心一橫硬是上了，果然付出慘痛的代價，那就是5天前的心血又白費了！

團購達人 真心話

大多數男生不太愛甜口味的湯頭，不過鳥氏兄弟竟出乎意外的喜歡。小叔的評語是好吃很甜，但吃起來不油膩，回去後一直跟小嬸力薦，沒能恭逢其盛的小嬸，已經打算在公司組一團訂購。

information

大伙相招來團購！ 97年10月30日製表

品名	售價	優惠及運費計算方式	保存期限
林聰明沙鍋菜／(包) 魚頭／(塊) 魚肉／(塊)	180元 150元 40元	160元(小箱)：1～2包 例：買2包菜1塊頭2塊肉 220元(中箱)：3～4包 例：買4包菜2塊頭4塊肉 280元(大箱)：5～8包 例：買8包菜8塊頭8塊肉	沙鍋菜請冷凍，魚頭魚肉請冷藏，產品不含防腐劑，請盡早食用(冷凍賞味期：1個月)

肚子餓 免煩惱
水餃、雲吞元寶桌上大PK

一般宅配團購的主食，通常以保存容易、烹調簡單為主，這其中最有代表性的就是水餃。水餃的保存、調味、煮食，方便又不需要技巧，自然需求量大，是家中常備糧食的代表之一，就連婆婆也會常常包些水餃以備不時之需。目前針對已吃過的幾款水餃、雲吞來場大PK，看看各家擅長的口味各是什麼！

育遠水餃
1元／顆

小杜魔寶窩
手工水餃＆煎餃
4～5元／顆

桃園老鄉
手工水餃
2.8～5元／顆

于家山東水餃
4～5元／顆

喜樂愛心水餃
約3.3元／顆

天使雲吞
5元／顆

魔鬼甄最愛！

育遠一元水餃本舖

瘦長型　　沒有摺子　　餡料沒有很飽滿

約7～8公分

之前新聞很喜歡報導不景氣的平價小吃，從新莊的5元麵包、台中向上市場的2元水餃，一直到這家1元水餃，個個都是平價到一個不行。因為1元水餃的冷凍倉庫就在新莊，離家裡很近，所以不用開團就自行去帶了3包回家。

1包100粒才賣100元的熟水餃，真的很大一包，30公分的尺都不夠用。水餃呈瘦長型，長約7公分，不小顆，但餡料沒有很飽滿，水餃幾乎沒有摺子，長得跟便利商店的微波水餃有點像。

用煎的更好吃！

店家後來又推出另一款皮更薄湯汁較多的湯包，這一款舊型的湯包，於是變成生煎包專用，較適合做煎包。把湯包拿來煎之後，湯汁果然變得比較多，外皮帶點酥脆感也比較好吃。

瘦長型的熟煎餃，比熟水餃還要再瘦長，內餡吃起來跟水餃差不多，薑味好像有較重一點點，外皮口感不錯，看來這家的餃子皮比較適合用煎的。

煎了一大盤煎餃和煎湯包下去和菜市場的鄰居們分享，大家都覺得好吃，連婆婆也覺得不錯吃，如果跟大家透露這煎餃和湯包的價位，不知道會不會立刻修改評價？

本身就是熟水餃，看起來沒有份量，冷凍狀態丟到滾水裡會馬上浮起來，不用煮很久就可以吃了。外皮有點厚度，不會爛爛的，水餃內餡有點胡椒味，單吃就很夠味，不太需要沾醬，高麗菜和肉的比例一半一半，還帶了點韭菜，不算是好吃的水餃，但也不會難吃到那裡去。

除水餃外，也還有湯包。湯包外型一致，都是扁扁的，外包裝袋標明可蒸、可煎，甚至可以拿來油炸。湯包的皮吃起來有點像水餃的皮，但上下層略厚一點，沒有很多湯汁（咬破不會流出湯汁），內餡十分飽足，口味跟水餃很像，只是韭菜比較多一點，肉餡比較細碎，接近肉泥，同樣也是不難吃，但也說不上好吃，一分錢一分貨。

只能說景氣不好時，這種產品真的很受歡迎，反正好不好吃都是一餐。雖然不免懷疑如此廉價，廠商是要賺什麼？不過有道是商人不做虧本的生意，既然能拿出來賣，想必事先打好算盤，另外還有網友推薦它的蔥抓餅嚐來很有層次感。

二林喜樂保育院愛心水餃

彰化基督教喜樂保育院是個收容中、重度障礙生的機構，官網上表示，透過課程訓練讓畢業生能自力更生，但因為畢業生的就業率情況不佳，所以成立了喜樂水餃產銷班、烘培班和喜樂餐坊，讓他們藉由自己的工作能力賺取薪資。

冷凍水餃有3種口味，韭菜、高麗菜和素食水餃，每包都是100元。3種口味一起下鍋，煮熟後從外觀就分得出口味，帶綠的是韭菜水餃、有紅蘿蔔的是素食水餃，另一種就是高麗菜。

高麗菜　　　　　　韭菜

素食

鳥先生的最愛！
各家都有其賣點，喜樂水餃的韭菜、老鄉水餃的玉米、小杜的黃金煎餃、于家山東水餃的泡菜。

韭菜水餃

粒粒飽滿，形狀都很漂亮，皮雖然沒有很厚，但彈性也不錯，不沾醬入口就很夠味，好吃！

高麗菜水餃

帶點薑味，感覺上肉的比例跟高麗菜一樣多，雖然沒有韭菜好吃，但口味也不錯。

素食水餃

同樣的時間煮下來，皮會比前兩種口味爛一點，口味雖然比較一般，但可以吃到愛心喜樂。

大家都知道給孩子魚吃，倒不如教他如何釣魚，學會謀生技巧，才是長久之道。很感恩社會上有這種機構的存在，讓喜憨兒保有自給自足的能力。這次訂購的水餃，非但方便好吃，更包藏著愛心，希望大家有機會也能買來試試，在滿足口腹之欲的同時，心也感到更加的溫暖，這就是社會溫情的力量！

外皮不會很厚

小小顆

Size較一般迷你

Q度不錯

允嘉的最愛！

我最喜歡加了玉米粒、有著甜甜口味的水餃，一次可以解決10顆喔！

桃園老鄉手工水餃

這次試吃的產品是桃園蘆竹的「老鄉手工手餃」，水餃的大小比一般迷你，水餃有很多種口味選擇。

韭菜鮮肉水餃

內餡很夠味，不用沾醬直接吃即可，韭菜比例比一般韭菜水餃高一點。

玉米鮮肉水餃

整顆的玉米粒很多，口味偏甜，列為我的最愛！小朋友應該會很喜歡吃。

韭黃牛肉水餃

雖然也不錯吃，但我和鳥先生都比較喜歡韭菜鮮肉口味。

素食水餃

裡面也有玉米，口味也是稍微偏甜。

高麗菜鮮肉水餃

帶一點點薑味，鳥先生覺得很好吃。

葫瓜蝦仁水餃

葫瓜有點脆脆的，蝦仁有彈性，口感不錯。

用煎的更好吃！

賣家推薦韭菜和葫瓜蝦仁水餃也很適合作成煎餃，實際煎了4種口味，反而是玉米和葫瓜蝦仁勝出，韭菜口味還是用水煮的比較優。

拿到樓下跟公婆和鄰居大伙一塊試吃，大家一致覺得韭菜口味最好吃，其他口味也都有不錯的反應。至於我個人前幾名依序為：玉米鮮肉>韭菜鮮肉>葫瓜蝦仁>高麗菜鮮肉，這家水餃要吃到飽，以我的食量約莫12顆，提供給大家參考。

小杜魔寶窩　手工水餃＆煎餃

小杜魔寶窩這次寄來的試吃品是「家庭手工水餃和煎餃」，水餃一共有3種口味，韭菜、高麗菜和素食。

一包50顆的水餃，重量約1公斤，使用袋裝，有少部分水餃會黏在一起，但敲一敲就會分開。

水餃一般大，不知道什麼原因，素食水餃在煮的時候很容易破，其他兩種水餃倒是不會有這個情況。

素食水餃

素食水餃的內餡有素肉末、高麗菜、紅蘿蔔、香菇和冬粉，這3種水餃裡面鳥先生最不喜這一味。賣家有註明可以用來做素食煎餃，我們實際試煎後，大家的評價也不是很優。

高麗菜水餃

高麗菜水餃和韭菜水餃我們都直接吃，沒沾醬，允嘉非常愛吃，第一次煮的時候，7顆全給他一人包辦。

韭菜水餃的味道有比較重一點，兩種水餃吃起來都很美味，有點像婆婆包的水餃，差別在於飽滿度及婆婆的韭菜水餃用的是韭黃。允嘉在試吃時一顆接著一顆，可見蠻得他的喜愛，倒是因為一邊忙著餵他，連帶我也沒時間準備吃水餃必備的蒜蓉醬油，但最後竟也不沾醬油就吃完一盤。結論是這家的高麗菜和韭菜水餃好吃。

用煎的更好吃！

由於煎餃比較費事，沒想到鳥先生技術真好，每顆煎餃煎的黃金酥脆，一口咬下外酥內多汁。

有一次特別下了水餃和煎餃端出去與婆婆還有鄰居的長輩們一同享用，大家一致覺得口味不錯，煎餃很受歡迎（只有公公一人嫌餡有點少），水餃則以韭菜勝出，高麗菜也有人肯定，只有素食水餃還是不得人愛。

黃金煎餃如何做

根據「小杜魔寶窩官方做法」，以少許玉米粉加水，平底鍋底先加入少量的油，把煎餃排齊，加入玉米粉水(使用麵粉水也可以)，但是用玉米粉水煎起來的底部，類似水晶樣，可煎出「黃金煎餃」。注意水量須蓋到煎餃的一半，再蓋上蓋子，用悶的方式，採中小火約5～6分鐘，直到鍋裡水漸燒乾，即可取出食用。

這次收到的試吃品是成功市場B022攤位的「于家山東水餃」，非凡大探索的好吃元寶專題也曾經介紹過，試吃的口味很多，計有高麗菜、韭菜、芹菜、玉米、胡瓜、雪裡紅水餃，外加一盒鮮肉餛飩。

于家山東水餃

雪裡紅水餃

雪裡紅脆脆的，單吃就夠味，皮也夠Q，味道還不錯。

泡菜水餃

泡菜味中等，湯汁微甜中帶有一定辣度，我跟鳥先生都愛！

胡瓜水餃

這幾年突然竄紅的胡瓜水餃，蠻對味的，不錯吃！

芹菜水餃

芹菜的味道很強烈，第一次吃到這種口味的水餃，感覺很新鮮，但在家裡的評價有點兩極化。

玉米水餃

玉米的甜度和比例都不高，整體味道偏淡。

韭菜水餃

韭菜加冬粉，味道偏淡，有點像在吃素食水餃，我和鳥先生都吃不太習慣。

高麗菜水餃

肉鮮味十足，鳥先生覺得有排第一名的實力，但我還是把票投給泡菜。

鮮肉餛飩
店家還有寄了一盒鮮肉餛飩，肉餡的味道還不錯。

于家山東水餃的尺寸算是大顆的，內餡也挺飽滿，女生大概吃個6顆、男生吃10顆就很飽了。7種口味水餃皮的Q度都不錯，泡菜口味最重、雪裡紅、高麗菜、胡瓜及芹菜水餃次之、玉米和韭菜水餃口味最淡。我最喜歡的口味為泡菜，第二為高麗菜，其他口味就沒有太深的印象，而鳥先生的評比依序為高麗菜＞雪裡紅＞泡菜＝胡瓜＝芹菜＞玉米＞韭菜水餃。

天使雲吞

這次試吃的商品是「天使雲吞」，因為賣家之前的工作為白衣天使，所以把親手做的餛飩取名為天使雲吞，這名字取得好有特色。

天使雲吞因為寄送的關係，餛飩有部分擠黏成一團，不過賣家有註明下水煮食就會自動分開，不要強行掰開，實際下鍋煮的時候，用大湯匙撥一撥，還真的都自動散開。

魔鬼甄的最愛！
天使雲吞不需要太多調味，單吃就很鮮甜可口。

雲吞的內餡包得很足，煮好後變半透明的餛飩看起來很可口！外皮口感Q滑，不會爛爛的，肉餡的味道也很優，連公公和婆婆都直呼新鮮好吃。

試吃之後，雲吞除了菜肉餡飽足好吃夠味之外，最值得一提就是餛飩皮，吃完飯再來喝餛飩湯時，雖然沒有很Q，但也不會泡得爛爛的，賣家的部落格還特別把找雲吞皮的過程寫了出來，東西要好吃，除了用心別無他法。
餛飩當冰箱備料真的很方便，不管是下麵或煮湯，加幾顆就是豐盛的一餐！

因為天使雲吞沒有像菜市場賣的餛飩有附湯料香菜之類的調味包，我們是採用烹大師加小白菜煮餛飩湯，婆婆則是用自製高湯加油蔥酥加大陸妹。

魔鬼甄也推薦！

天使雲吞賣家除了賣超優雲吞之外，同時也有賣不鏽鋼菜刀，婆婆試了之後，覺得使用起來很順手，感覺蠻利的。尤其是拿來切很硬的中藥材切片，不僅握起來輕，鋒利度也夠，還蠻值得推薦的！

誰是大贏家

品名	價格	尺寸	口味	網友心得分享
育遠水餃	1元／顆	瘦長型 長約七公分	吃了有味（台語）很一般	面對這麼多低價的水餃，諸多網友還是對食材的新鮮度不是很放心，但也有不少人好奇1元水餃的滋味究竟為何？好友安琪就很想吃吃看。
喜樂愛心水餃	3.3元／顆	粒粒飽滿比一般大一點	吃得出真材實料愛心味十足	吃美食又做公益，有意義的付出！另網友還推薦板橋有一家超群陽光水餃，是一個媽媽為了車禍受傷的兒子籌募醫藥基金而成立的水餃工房，評價也不錯！
桃園老鄉手工水餃	2.8～5元／顆	尺寸迷你	皮Q餡香	約兩口大小，很適合小朋友食用。
小杜手工水餃	3～3.6元／顆	比一般大一點	肉餡飽滿	推薦泡菜及高麗菜口味。
天使雲吞	5元／顆	比一般大顆	吃得到肉餡的鮮甜味	真材實料的餛飩獲得不少網友的推崇與支持，不過賣家為家庭主婦，故產量有限。

information

呼朋引伴一起來！　97年10月30日製表

品名	售價	運費	保存期限
育遠一元水餃	100元／100顆	10包以上免運費 10包以下270元	半年
喜樂愛心水餃	韭菜／高麗菜／素食 三種口味100元／約30顆 （最低訂購3包）	1～8包：150元 9～14包：200元 15～25包：250元 50包以上免運費	冷凍2週
桃園老鄉手工水餃	高麗菜鮮肉100元／36顆 高麗菜蝦仁100元／22顆 韭菜鮮肉100元／36顆 韭菜蝦仁100元／22顆 葫瓜蝦仁100元／22顆 葫瓜鮮肉100元／30顆 韭黃牛肉100元／20顆 玉米鮮肉100元／30顆 素餃100元／30顆	桃園以外縣市 消費滿1,500元 免運費	冷凍2週
小杜手工水餃	高麗菜豬、韭菜豬水餃：50顆／包 口味不混搭，售價150元 素食水餃、特製限量煎餃：50顆／包 口味不混搭，售價180元	6包以下：130元 6～10包：190元 11包以上：免運費 外島6包以下：240元～	冷凍10天
于家山東水餃	高麗菜、韭菜：80元／20顆 芹菜、瓠瓜：90元／20顆 玉米、雪裡紅：100元／20顆、 鮮肉／菜肉餛飩：50元／18顆	1～5盒：150元 6～20盒：210元 21～40盒：270元	冷凍2週
天使雲吞	250元／50顆	1～4盒：140元 5～8盒：200元 9～20盒：270元 購買5,000元免運費	冷凍保存2週

店家資訊

育遠一元水餃本舖
官網：http://www.wretch.cc/blog/skin89926080
地址：台北縣新莊市新樹路72-1號
電話：(02)2203-5739

二林喜樂保育院愛心水餃
網址：http://www.joyce929.org.tw/htm/003-7.htm
地址：彰化縣二林鎮萬合里太平路二段600號
電話：(04)890-4231

桃園老鄉手工水餃
地址：桃園縣蘆竹鄉五福六路56巷3號1樓
電話：(03)222-0768、0927-152-356

小杜手工水餃奇摩賣場
網址：http://tw.f4.page.bid.yahoo.com/tw/auction/d29569892?u=dp89127

于家山東水餃
網址：http://tw.myblog.yahoo.com/sandon_yu
地址：台北市大安區四維路192巷成功市場B022攤位
電話：0920-334-997(于先生)、0922-334-997(于小姐)
營業時間：08:00～13:00

天使雲吞
Y拍：http://tw.user.bid.yahoo.com/tw/user/joo_joo77?
部落格：http://tw.myblog.yahoo.com/13928-13928/
電話：0928-909-365(詹小姐)

團購達人 真心話

水餃這等以純手工製做的東西，除了包入新鮮食材，更包藏製作者的用心及努力；但如同鳥先生的最愛所言，各家的水餃都有主打的商品，很難做到全部口味都好吃，尤其在奇摩拍賣上評價破千的賣家很多，市場競爭非常激烈，大家可以多方比較試口味，找出自己的最愛。

蕃茄主義義式肉醬
&莎莎醬&奶酪

蕃茄主義是間只做預約客人和網路宅配的店家，平日不對外營業，店門外頭沒有招牌，所以經過的人根本不知這是家什麼店，要不是好友Ring的帶領，我根本不會知道有這種店的存在……

迄今已去過蕃茄主義用餐兩次，經驗都很美好，我甚至已經開始計畫好友沙米從日本回來時，聚餐也要訂在這裡！

倒是上次從蕃茄主義聚餐臨走前小雯姊塞了包東西給我，說是要讓我回家DIY玩玩看，打開袋子一瞧是蕃茄主義特製的莎莎醬、義式肉醬及宅配新推出的奶酪。莎莎醬和義式肉醬蓋子下面都有一層保鮮膜。

義式肉醬

　　第一次去蕃茄主義聚餐，小雯姊的義式肉醬麵就讓我們印象深刻，這次回家得靠自己DIY自製，心情有點忐忑不安，畢竟廚藝見不得人。

　　不過我的強項就是愛逞強，「輸人不輸陣」啦！這天準備的配料特別豐盛，Costco美國無骨牛排加煎荷包蛋一顆，麵條用的是台南范家鹽水意麵，說什麼也不能浪費小雯姊精心自製的肉醬。

鳥先生的最愛！
料多味美的義式肉醬，拿來拌麵最適合，搭配本土麵條也不錯！

實際DIY的感想，蕃茄主義的義式肉醬風味濃郁，味道不會過重過酸，蘑菇的比例不少，而且不會很細碎(感覺蠻大塊的)，肉塊好像都沈在底部(吃到後面比例變多)，我們只煮了3次麵就把這罐義式肉醬嗑光光，吃的爽快！連小允嘉也愛到不行，自己用叉子扒完一碗公的麵喔！

莎莎醬

　　拿到莎莎醬，第一個想到的當然是去買包多力多滋，莎莎醬整個吃起來就是新鮮的口感，酸度適中，辣度有後勁，含汁量高。後來鳥先生突發奇想，煎了二阿姨送來的蔥抓餅來沾莎莎醬，結果當然沒有多力多滋來的合味，除了多力多滋之外，網友推薦這莎莎醬可以搭配墨西哥薄餅(Tortilla)、春捲餅、法國麵包、漢堡、生菜沙拉或拌冷義大利麵都好吃，再功夫一點加上FAJITAS(法士達)，甚至網友阿餅還提供標準墨西哥美味吃法：莎莎醬＋花豆(大紅豆)＋切達起士(黃色那種)＋酸奶油(sour cream)，光是看到幾個加號的陣仗就可想像美味的畫面。

奶酪

允嘉的最愛！
又香又濃的奶酪，我輕輕鬆鬆就可以吃掉兩盤。

　　奶酪則是前兩次蕃茄主義聚餐都讓大家吃得很開心的餐後甜點，也是小雯姊新推出的宅配商品，單吃就很棒，奶香濃厚香醇，因為用料十足，所以價格不低。在吃的同時，想到家裡冰箱還有允嘉最愛的婆婆自製草莓果醬，幫他挖一口加料，他整個開心到不行，眉飛色舞，真是容易滿足！於是我和允嘉一人一杯，十足的大享受！

店內用餐心得分享

蕃茄主義是我很推薦的用餐地點，尤其是家庭或一群好友聚會，最適合來這裡。基本上每餐只接待一組客人，如同包場VIP，帶小孩前來完全不必擔心影響其他客人。不過最近官網上多了一條說明：5人以下價格另議，若本店假日訂位有空餘，可以以一般價加入，顯然生意好到需要再開桌了！

這裡每道菜的份量都很足，除了現場吃還可以打包回去再吃下一場，兩次用餐最令我驚豔的是生菜沙拉，生菜種類多又新鮮，連葡萄和小蕃茄都很鮮甜，尤其是沙拉醬之一的松子青醬更是有畫龍點睛的功用。它跟生菜真的很搭，連顏色都很葉綠素，如此大盤的沙拉也能瞬間被清空！好友Ring說她來這麼多次，沙拉沒一次吃完過，可見我們這群人非普通族類。

菜色豐富，計有蕃茄主義時蔬鮮果莎拉、焗烤私房前菜、手工麵包、燉烤蕃茄清湯、焗烤波隆那通心粉等，第一次造訪餐點為招牌組合，以後每次會有些許調整，可先跟小雯姊進行溝通。

店家資訊

蕃茄主義

網址：http://www.pomodoropasta.com/main/index.php

地址：台北縣新店市富貴街6巷2號1樓(玫瑰中國城)

電話：0968-873-189、(02)2215-0788

營業時間：用餐採預約制

團購達人 真心話

最近看到很多朋友都對蕃茄主義有所好評，這幾天也從好友Ring那兒得知小雯姊最近生意有轉好的趨勢，實在很替她開心！畢竟好吃的東西、用心的店家是不會寂寞的，尤其小雯姊謙卑有禮的態度，用餐時讓客人享有就像在自己家吃飯的舒適空間，更是讓我們備感窩心。生意要源遠流長別無他法，用心投入、努力不斷、堅持到底，希望她能繼續加油！

information

呼朋引伴一起來！ 97年10月30日製表

品名	售價	保存期限
義式肉醬	300元／450cc	冷藏保存30日，也可自行分裝成小袋冷凍保存60日
莎莎醬	200元／450cc	冷藏保存30日
松子青醬	250元／225cc	冷藏保存30日，也可自行分裝成小袋冷凍保存45日
奶酪	390元／6入	冷藏保存2～3日
	宅配費用：滿3,000元免運費，3,000元以下150元。	

Part4

欲罷不能停

團購美食擺滿桌 左手右手停不了

福勝珍布丁蛋糕・新市麥布丁蛋糕・春上布丁蛋糕・順謚健康蛋糕・均鎂北海道戚風蛋糕・艾立牛奶戚風蛋糕・台東風味滷・鴨喜露肉品專家・福哥滷味・小謝煙燻滷味・Jack烘培坊私房手工泡菜・慶家黃金泡菜・南橫陳大姐招牌高山泡菜・千翔蜜汁豬肉乾・垂坤原味薄肉乾・金門良金牛肉乾

火紅新品大PK
平價布丁蛋糕

這種蛋糕外表樸實，味道單純，卻擁有綿密富彈性的口感，讓人一口接一口，不自覺喀完半個甚至一整個都不嫌膩，尤以價位平易近人，無負擔（最近還有不少店家取了不同的名稱，但蛋糕體還是一樣。）針對品嚐過的幾款布丁蛋糕做一比較，讓大家見識這蛋糕平凡的魅力！

魔鬼甄最愛！

春上布丁蛋糕
80～90元／個
大小：7吋
口味：原味／巧克力／黑糖

福勝珍布丁蛋糕
90元／個
大小：8吋
口味：原味／鮮奶

新市麥布丁蛋糕
80～90元／個
大小：7吋
口味：原味／巧克力／黑糖

魔鬼甄最愛！

順謐健康蛋糕
130元／個
大小：8吋
口味：檸檬／草莓／藍莓／水蜜桃

台南新市麥布丁蛋糕（源自芎林新美珍）

新竹芎林新美珍的布丁蛋糕在我家很受歡迎，但因為吃太多次再加上不太好訂，所以這次就改訂台南新市的布丁蛋糕，吃起來還真的跟新美珍差不多。

原味

原味第一口就覺得很鮮美，有單刀直入心田的感覺，帶著純粹的蛋香，本人很愛，跟新美珍口感一模一樣，感覺技術有傳承。

台南新市的布丁蛋糕口味有3種：原味、巧克力和黑糖。不僅口味跟新美珍差不多，連盒子也長的一樣，紙盒上面還大辣辣的標明「源自芎林新美珍」。

黑糖

黑糖口味則是那種一開始不是吸引人，但愈吃愈好吃，屬於路遙知馬力的耐吃型。

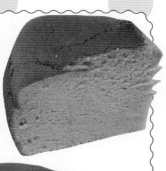

巧克力

巧克力味雖不重，但也蠻順口，網友小杜留言說一次可以吃掉一整個，就是吃不膩，即使肚子不餓，都會想吃掉一整個。

魔鬼甄的最愛！
膨鬆好吃的新市麥布丁蛋糕，嚐起來很像新美珍卻不用等，大大縮短最難熬的等待期。

冰了一天，口感還是好綿好綿，蛋糕體很有彈性入口即化，就連最外側略帶粗粗口感的皮也很得我心。

兩個擺在一起拍，右邊原味顏色有比較黃一點點，左邊鮮奶的偏白，但不仔細看還是分不太出來。最後決定鮮奶口味直接吃，原味的加草莓醬來加強一下口味，感覺更對味。

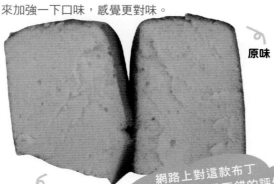

原味

鮮奶

網路上對這款布丁蛋糕大部分都是不錯的評價，我覺得口感跟新美珍相似度極高，鳥先生則是覺得有一點點小輸給芎林新美珍，但比彰化的福勝珍布丁蛋糕口感好。

如此簡單又好吃的布丁蛋糕，吃完指尖還留下淡淡的香味。這蛋糕除了軟綿好入口，也不太會掉屑，很適合小朋友吃。除了單吃之外，想到冰箱還有不少果醬待清，拿了最適合沾醬的原味來試試，果然又是另一番風味，豪氣的沾了紅豆、草莓、核桃3種抹醬來試，每種都很合，只能說這蛋糕還真是百搭！

彰化福勝珍布丁蛋糕

福勝珍布丁蛋糕是在彰化合購版引起熱門討論的在地美食，剛好婆婆日前做了草莓醬，趁機訂福勝珍的蛋糕來搭配。

布丁蛋糕8吋大，現場買是用塑膠袋裝，宅配需加15元買禮盒，有兩種口味，原味和鮮奶。

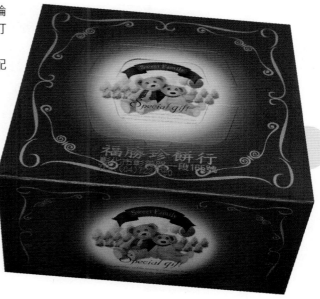

原味

鮮奶口味

原味雖然有雞蛋香，但吃起來跟一般麵包店賣的差不多，口感沒有鮮奶口味來得好。

鮮奶口味的口感比較細緻軟綿，真的有點像在吃新美珍布丁蛋糕的錯覺，不過個人還是偏好新美珍一點。

竹北春上布丁蛋糕（源自芎林新美珍）

繼台南新市麥布丁蛋糕之後，竹北高鐵店附近的春上布丁蛋糕專賣店也是源自芎林新美珍的第二家分店。雖然說是在竹北高鐵站旁，但其實有段距離。店址位在極光琉璃社區大樓的三角窗店面，隔壁是拉亞漢堡，附近沒有幾家店，老闆娘說春上布丁蛋糕的定位在竹北高鐵的伴手禮，希望遊客搭高鐵離開竹北時，都能順路帶幾盒布丁蛋糕離開。

鳥先生的最愛！

每一家都不錯吃，價位也都不貴，如果是送禮的話，春上布丁蛋糕比較體面一點。

和芎林新美珍一樣，布丁蛋糕有3種口味，店面落地窗還貼有芎林新美珍的媒體報導。牆邊成堆的布丁蛋糕盒，店面還兼賣原沕鮮泡茶，店內有兩張桌子，店外也有幾張露天座，我們點了兩杯茶就在店內直接啃起蛋糕來，說來還真愜意。

原味

原味布丁蛋糕軟綿好入口，口味大致上和新美珍差不多，果然是系出同宗。

巧克力

巧克力和原味同樣軟綿，巧克力味不重，我和鳥先生都比較偏愛原味。

黑糖

比其他兩種口味貴10元的黑糖口味，口感較紮實一點，好像也比較乾一點，味道最香。

大致上這3家新美珍同宗的布丁蛋糕，我的喜好順序都是原味＞黑糖＞巧克力。如果吃得慣新美珍布丁蛋糕(原本就不愛的請自動跳過)，台南新市麥布丁和新開的竹北春上布丁蛋都是口味相近的替代方案，竹北這間的老闆娘感覺非常親切喔！

鶯歌順謚健康蛋糕

某次的桃園神社半日遊時，網友小芷推薦鶯歌一家順謚蛋糕，熱心的她挑選檸檬口味給我跟小鳳當伴手禮。順謚的蛋糕需事先預訂，店面即工廠，直接殺去買是沒蛋糕可拿的。

蛋糕取名叫健康蛋糕，應該是指低糖、低脂、零膽固醇，不含防腐劑，保存期限只有3天。小芷量過大小是19公分，約8吋大，只用新鮮蛋白製作的天使蛋糕。

開盒就聞得到檸檬的清香，吃的時候亦然。蛋糕體比一般的戚風白，口感綿密，蛋糕本身不太好切，軟軟的容易變形。因為本身不甜，有愈吃愈涮嘴的感覺，一盒130元，感覺還蠻物超所值，這可能是繼新美珍之後，我一口氣嗑掉近半個蛋糕，看來蛋白蛋糕蠻對我的味。

健康蛋糕共有4種口味，檸檬、草莓、藍莓和水蜜桃，問了一下符Google，草莓口味好像有不錯的評價，不過也有網友留言水蜜桃口味超香。個人覺得蛋糕體類似高仕的弗瓦瑞低脂蛋糕，如果喜歡高仕低脂蛋糕的人，接受度應該也是很高。

information

呼朋引伴一起來！　97年10月30日製表

品名	售價	運費	保存期限
福勝珍 布丁蛋糕	70元 禮盒外加15元	1～2盒運費100元、3～8盒運費140元、9～16盒運費180元	冷藏3天
新市麥 布丁蛋糕	80～90元	1～4盒運費100元、5～8盒運費140元、9～20盒運費160元 21～41盒運費200元、42盒免運費、42盒以上運費另計	冷藏3天
春上 布丁蛋糕	80～90元	1～5盒運費130元、6～20盒運費180元、21～42盒運費240元 84盒以上運費另計	冷藏3天
順謚 健康蛋糕	130元	外送區：北桃竹區25盒以上免運費；中南部宅配由對方付費：一件 （1～12盒）運費150元	收到蛋糕請儘速冷藏 室溫須在12小時內食用 完畢(夏天10小時內)； 冷藏3天

誰是大贏家

品名	價格	尺寸	口味	網友留言分享
福勝珍布丁蛋糕 	原味／70元 鮮奶／70元	8吋	鮮奶口味細緻軟綿	有網友建議福勝的蛋糕拿去加熱一下會變得更香綿好吃。
新市麥布丁蛋糕 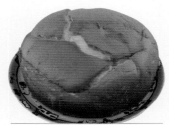	原味／80元 巧克力／80元 黑糖／90元	7吋	原味純粹鮮美，巧克力順口不膩，黑糖優雅耐吃。	網友小杜真的拿新市與新美珍來評比，原味部分以新市較為突出，黑糖和巧克力則是新美珍獲勝。
春上布丁蛋糕				網友建議店家應該弄個高鐵站外送的服務。
順謚健康蛋糕 	檸檬／130元 草莓／130元 藍莓／130元 水蜜桃／130元	8吋	口感綿密	這蛋糕買回家最好先冷藏，冰冰的口感更上乘。

允嘉的最愛！

只要加了阿嬤的草莓醬，什麼蛋糕都變得好美味喔！

店家資訊

彰化福勝珍餅行布丁蛋糕
地址：彰化市彰美路一段165號
電話：(04)723-1050

台南新市麥布丁蛋糕
地址：台南縣新市鄉復興路62巷22號
電話：(06)589-9699

春上布丁蛋糕
地址：新竹縣竹北市文興路二段98號
電話：(03)657-7222

鶯歌順謚健康蛋糕
官網：http://www.wretch.cc/blog/alies0810
地址：台北縣鶯歌鎮光明街92巷5號1樓
電話：(02)2679-2908
手機：0938-369-951、0938-362-351(建議17:00後請改撥市內電話)
電話服務時間為08:00～20:00，其餘為工作時間
自取時段：早上07:30～09:00、晚上17:30～20:00

團購達人 真心話

現在一堆爆紅的團購美食都很難訂，動輒要等上數個月，有些甚至生意好到暫時取消宅配服務，看來還是開發一些新商品比較實在，反正每個人的口味都不同，沒有鎖定那家非吃不可，別人筆下的美食也可能是自己心中的地雷，再說東西永遠吃不完，試了才知道。

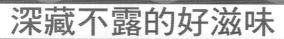

深藏不露的好滋味
戚風蛋糕（含內餡）
美味來鑑賞

在多家電視媒體報導後，戚風蛋糕熱銷火力持續不墜，雖然賣相不佳，直像被海扁一拳過的蛋糕般，但蘊含其中的鮮奶油，不論冷藏、冷凍都好吃！（註：雖名為「戚風蛋糕」，但與平常熟知的不含內餡的戚風蛋糕P.12不同）

艾立牛奶戚風蛋糕
23元／個 位在新竹
表面無糖霜，內藏奶油
奶油量少

均鎂北海道戚風蛋糕
23元／個 位在竹北
表層有糖霜，內藏奶油
鮮奶油打的發亮，帶點微甜

魔鬼甄、鳥先生、允嘉的最愛！

小孩子不說假話，允嘉說：「我覺得奶油甜甜的，蛋糕軟軟的，鮮奶油比蛋糕多，真是好吃極了！」

竹北均鎂北海道戚風蛋糕

均鎂北海道戚風蛋糕是鳥先生不小心在合購版上瞄到的團購美食，問了一下Google大神，網路評價似乎都不差，一顆23元價格尚可接受，沒有考慮太久就訂了幾盒回家！

每盒會附上提袋和6根湯匙，一盒130元，盒子大小如圖示。一盒有6顆，約5公分寬，Size不大。

其實這天還沒到家，鳥先生便告知冰箱有剛到貨的好吃蛋糕，叫我跟允嘉一起享用。興沖沖打開冰箱，第一眼印象實在不太好，外觀塌陷不甚美觀，甚至有網友形容像是被打扁過的蛋糕，賣相不佳也就算了，重點是不知該怎麼下手，才一手扳開與蛋糕緊緊相黏的紙板，允嘉就衝過來指正我：「媽媽，這個要用湯匙吃，我去拿給你。」原來允嘉放學一回家，已經嘗鮮過啦！

蛋糕表層覆蓋糖霜，裡頭埋藏奶油，雖然外觀不是很飽滿，但裡面的鮮奶油不少，鮮奶油打的發亮，帶點微甜且一整個順口，蛋糕體不會過濕或太乾，老板上電視時有特別強調他們的蛋糕打法跟一般蛋糕店不同，是用整顆蛋下去打，所以蛋香十足。我、鳥先生和允嘉都覺得不錯吃，兩盒12個3天內就消光光。店家表示，該產品全程均以宅配冷凍配送，消費者收到後請放入冰凍庫保存，要吃時再拿出來退冰5分鐘口感最優。

用湯匙挖食還真方便，非但容易就口，更可依個人喜好，調配蛋糕與奶油的入口比例，連允嘉也吃得不亦樂乎。

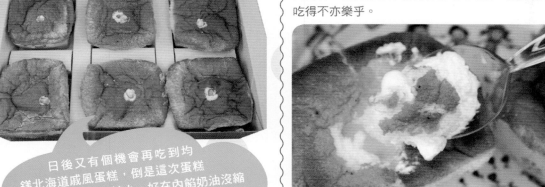

日後又有個機會再吃到均鎂北海道戚風蛋糕，倒是這次蛋糕上的糖霜似乎變的較少，好在內餡奶油沒縮水，依舊順口不甜膩，與蛋糕相得益彰，難怪會持續長賣。這次也做了個小實驗，把戚風蛋糕也拿去烤了一下，結果雖然蛋糕最表層變得酥脆，但奶油口感會因而減低，還是維持冷藏的狀態最優。

新竹艾立牛奶戚風蛋糕

由於對均鎂留下很好的印象，某一天突然發現小叔公司就在艾立蛋糕新竹光復店附近，反正小叔每個禮拜五都會回板橋，馬上請他代買。

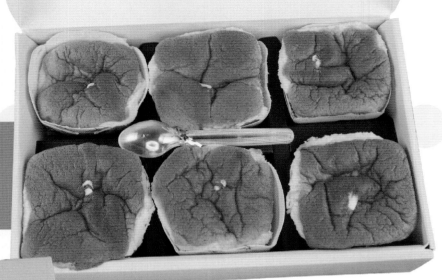

艾立蛋糕的盒裝跟鈞鎂大小形狀差不多，DM上還寫著有做外燴服務，開箱照比鈞鎂多了一張玻璃紙，隔離蛋糕和盒蓋。

Eily Family

牛奶戚風蛋糕表面沒撒糖霜，蛋糕大小形狀跟鈞鎂差不多。但吃了才知道大不同！奶油量僅為鈞鎂的一半(可能因此感覺比較不甜)，大概挖了兩口就沒奶油了，蛋糕體比鈞鎂濕一點，特別切了剖面圖來看，奶油量果然不多。

奶油量不多

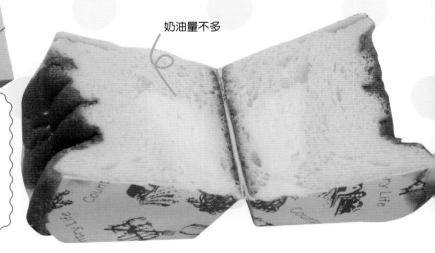

這次買了兩盒慢慢吃，一盒冰凍一盒冰藏。我喜歡冰凍的口感更勝於冷藏的，有點像在吃冰淇淋，只是不待退冰即食，真的蠻硬的，我使勁往下挖的同時，還不小心把紙盒給挖破，果然是粗魯底。

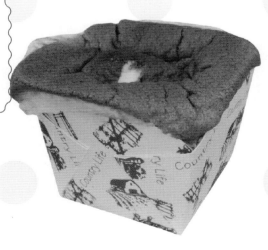

艾立牛奶戚風蛋糕雖然我個人覺得口味不甚優，但艾立在網路上的評價大多不輸鈞鎂，另外還有多種其他口味的戚風蛋糕，有興趣的朋友可以多加嘗試。

誰是大贏家

品名	價格	糖霜	口味	網友留言分享
均鎂北海道戚風蛋糕 	特價130元／盒	有但日益減少	內餡鮮奶油輕綿量多，甜而不膩；蛋糕體恰到好處。	網友小杜反應收到的當天口感最佳，不過冷凍後像吃冰淇淋，蛋糕也不會硬掉。
艾立牛奶戚風蛋糕 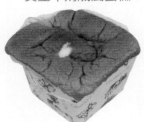	130元／盒	無	內餡鮮奶油量少不甜；蛋糕體較濕。	有網友覺得艾立的蛋糕體較綿密，奶油餡的口味較像泡芙的Cream，而均鎂的奶油就僅是生日蛋糕的鮮奶油味道。

艾立 ↙　　　　均鎂 ↘

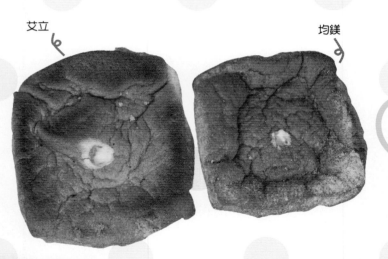

information

大伙相招來團購！ 97年10月30日製表

品名	售價	運費	保存期限
均鎂北海道戚風蛋糕	特價130元／6入 20盒以上每盒120元	滿24盒特價120元，運費自付，24盒可裝成一箱，運費300元。	冷凍7天 冷凍2週
艾立牛奶戚風蛋糕	130元／6入 24盒以上每盒120元	1~3盒 180元 4~10盒 240元 11~24盒 300元	冷凍7天 冷凍2週

店家資訊

均鎂糕餅公司
地址：新竹縣竹北市文平路302號
電話：(03)552-8898

艾立精緻蛋糕
網站：http://www.elly.com.tw
中央店：新竹市中央路311號
電話：(03)543-8530
光復店：新竹市光復路1段325號
電話：(03)577-7627
竹北店：竹北市縣政九路186號
電話：(03)555-1283
三民店：竹北市三民路326號
電話：(03)553-5203
湖口店：湖口鄉達生路101號
電話：(03)590-5167
遠百FE21專櫃：新竹市西大路323號地下一樓

團購達人 真心話

我們一家都投均鎂一票，後來打電話問小叔食後感，他也說均鎂比較好吃，甚至覺得兩家口味有段差距。不過好吃歸好吃，一餐還是建議進食一個為優，超過兩個也是會膩的。

不少店家往往在走紅後，不論品質或服務態度就會走下坡，鈞鎂糖霜量減少有圖有真相，不過這點比較不具爭議，畢竟也有人覺得糖粉過多會膩，但不少網友反應鈞鎂的服務態度變差，更有網友反應原本填實飽滿的鮮奶油有縮水的現象。面對這些負評，真希望店家能聽進去，畢竟好名聲建立本不易，千萬不要輕意破壞啊！

各家秘方現江湖
滷味新品大PK

一般辦公室的下午茶團購，最大宗的應該算是滷味和甜點。滷味家族的勢力龐大，除了前兩本書《團購美食GO!》介紹過的熱門團購滷味老店之外，目前新堀起的熱賣滷味幾乎已經遍布全台，南至屏東、甚至台東都有熱門的團購滷味，各家都有自己的明星商品，要下手前最好做足功課才不會誤踩地雷。

台東風味滷
包裝：真空密封袋
特點：口味不算重，糖心蛋、腰果、醬滷鈕釦菇是比較受歡迎的單品。

福哥滷味
包裝：塑膠盒裝
特點：味道重但不鹹，帶有辣度。

鴨喜露肉品專家
包裝：
特點：鹹度適中滷汁有香。

小謝煙燻滷味
包裝：塑膠袋抽真空袋裝
特點：煙燻味蠻剛好，
但鹹度稍嫌不夠。

台東風味滷

「台東風味滷」是在意慾蔓延私家敗物市集版的人氣賣家，雖然早就列入購買目標，但因為家裡冰箱庫存常期處於暴滿狀態，所以遲遲未有動作，想不到廠商竟然來信說要寄試吃品，這下得來全不必費工夫！

允嘉的最愛！ 滷蛋、糖心蛋、黃金蛋、煙燻蛋，舉凡叫蛋的，我通通都愛！

豆干

豆干是屬於紮實偏硬的口感，不是軟嫩有彈性的那種，看起來很辣，實際上完全不辣，單吃略鹹，下酒或配飯較適宜。

煙燻糖心蛋

煙燻糖心蛋煙燻顏色不深，外層有多處沒燻到或滷到的白色區塊，光看蛋的顏色會以為口味很淡。但一入口煙燻味重，而且鹹度也夠，蛋黃呈現半固體狀，有幾顆的糖心還真的會流動咧！與小允嘉分享一顆，之後馬上吵著要吃，看來他真的很愛這類的糖心蛋。但還是建議一次不要超過兩顆，因為太飽就無法進攻其他東西了。

腰果

密封冷藏可放兩個月，表皮微脆微甜，鳥先生愛到一個不行，但我喜歡再甜一點的腰果。

雞腳

雞腳肉質彈性還不錯。

燻鴨翅

燻鴨翅吃起來肉質很有彈性，煙燻味夠，略乾略鹹，小嬋覺得很好吃。

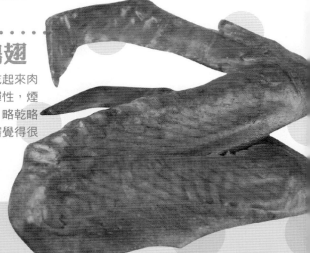

醬滷鈕釦菇

醬滷鈕釦菇入口大小適中，含汁富
口感，滷汁微甜不會過鹹，我和鳥
先生都覺得好吃！

牛腱

牛腱官方建議是加香油和蔥
花，外觀看起來就是重口味，
試吃後也覺得醬汁有點過多，
整個鹹掉了，可惜！

某天小姑加完班直奔
我家，沒吃晚飯的她，要了一
碗泡麵來果腹，鳥先生隨意將牛腱
放個幾片下去，沒想到浸了湯汁的
牛腱，口感變的較軟也稀釋掉鹹
味，嘗來更為可口，泡麵口
感當場升級。

醉鴨翅

醉鴨翅肉質較燻鴨
翅軟，也沒有燻鴨
翅那麼鹹，酒味中
等(強調一下是個
人感覺！)，喜歡
醉雞類食物的人可
以試試。

醉雞胗

醉雞胗口感有硬有軟，酒味算
是重的(對我來講有點Over)，鳥
先生還可接受。

鳥先生的最愛！
台東風味滷的溏心蛋、宜蘭
鴨喜露的鴨胸骨和尾骨、福
哥的甜不辣、木柵小謝的鳳
爪和脆腸，各有強項，沒有
特別偏愛那一家。

豬腳

豬前腳分3包裝，外加醬料包，一包是豬腳骨(加2個剖半豬蹄)，另兩
包通通都是切好好的豬腳肉。豬腳肉吃起來完全不油，皮的口感極
佳，瘦肉部份偏硬，附贈的蒜茸沾醬口味優，沾了以後豬腳的
美味馬上加倍！微波加熱後，肉還是略硬，皮變軟變Q，但油
會跑出來，煮泡麵時丟幾塊當作加料，吃起來更過癮。

宜蘭鴨喜露肉品專家

鴨喜露滷味專家在宜蘭有不少分店，這次是去五結店採買。上回去宜蘭玩時，五結店就距離我們住的輕塵別院民宿車程不到10分鐘，是鳥先生用Garmin nuvi 350搜尋附近小吃時不小心發現的，因為曾經看過幾次電視報導，所以就趁著大家收拾行李的空檔，開車殺去買回來。

鴨喜露五結店的阿嬤很可愛，一臉笑咪咪很親切，鳥先生第一次來買問東問西也不嫌煩，後來看鳥先生拿出相機來拍照，還讓鳥先生進去櫃台拍個過癮。

鴨骨

鴨骨殘存的胸肉不多，口感雖然有點小乾，但相對的不油不膩，鹹度適中滷汁有香，啃起來很過癮。阿嬤跟鳥先生介紹的時候有說這是鴨胸骨，由3根大骨連結而成的鴨骨架，骨科專長的好友文子，邊吃還邊研究了起來，大家都覺得很有趣。

鴨尾骨

鴨尾骨價格比鴨骨高，阿嬤說鴨尾骨的肉比鴨骨的肉多，也比鴨骨多了嚼骨吸汁的樂趣，味道鹹度大致和鴨骨差不多，但在咖啡廳被清盤的速度比鴨骨還快，明顯較受歡迎，鳥先生也覺得很優！補充一點，鴨骨頭類除了鴨胸骨和鴨尾骨之外，還另一種鴨腿骨，這次沒買。

雞腳和鴨翅

雖然鳥先生也有點雞腳和鴨翅，但因為和阿嬤聊得太開心，兩個人當場都忘記這件事，所以留待下次再嘗。

鴨喜露的鴨骨類，連討厭動手的weiwei學妹都讚不絕口，說不會死鹹，吃完也不會口渴。尤其她昨天看到「食尚玩家」的介紹後，一股想再一嘗的念頭揮之不去，直嚷著回宜蘭時要再去買來過過癮。

其實本篇介紹的東西，我一口也沒吃到，因為當時我跟允嘉正在車上昏睡中，鳥先生心想我一向不好此物，逕自把好料帶下車找同好們享用，大家也算還有丁點良心，最後有剩一點點說要留給我在車上吃。但由於整個下午泰半位置都讓給允嘉睡，我則是瑟縮在後座的最角落，整個人不甚舒服也沒啥食慾，最後這些愛心鴨骨，還是由開車時需要提神的鳥先生代為解決。

黃金蛋

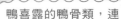

黃金蛋是半買半相送，是還在體內未出生的蛋，口感有彈性(類似蛋黃和蛋白的綜合體)，鳥先生覺得口味還不錯！

曾經看過電視介紹鴨喜露魯味專家，印象中介紹這鴨骨是做宜蘭鴨賣後剩下來的骨架，鴨喜露鴨盡其用，讓大家啃骨啃個過癮。這感覺有點像買烤鴨三吃時，鴨皮鴨肉片下來之後，剩下來的鴨骨利用來炒九層塔或熬酸菜鴨湯，絲毫不浪費！

福哥滷味

這次試吃的是福哥滷味，從賣家的官網看來像是麵店兼賣的滷味，公公和鄰居阿伯也參與此次試吃，這鄰居阿伯早上在新埔菜市場擺攤賣麵，本身也算是個滷味小菜的好手。

滷味全部採盒裝，除了甜不辣之外，所有盒裝滷味都還有外加密封袋。

魔鬼甄的最愛！

福哥滷味的招牌薄片甜不辣，含汁夠味口感佳！

甜不辣

薄片型的甜不辣，光看外觀就很吸引人，很像碳烤過的誘人色澤，味道重但不鹹，有點辣，這盒一下子就被清光，我和鳥先生都很愛。

花生

花生算是大顆的那種，脆度不錯，很入味，帶有麻油香。拿到樓下給公公當下酒菜，大家都覺得好吃不鹹！

雞胗

雞胗對我而言口味略鹹，口感略硬，但鳥先生和公公都很愛，在市場擺麵攤的阿伯也特愛這一味，再度證明，我果然非死硬派！

豆干

豆干口味略鹹，含汁度尚可，算是全部滷味裡面評價較一般的，但還算有香！

鴨翅

鴨翅的肉覆著度很夠，但很容易一整條咬下來，肉質有嚼勁很耐吃，整個吃下來很過癮，有前2名的實力，推薦！

肉燥

肉燥是很細碎的那種，略油略鹹，算是標準拌飯拌麵的油度和鹹度。

雞翅

雞翅很大隻(比一般滷味雞翅大很多)，分前翅跟後翅兩截，醬色深，但嘗來意外不鹹，連一向怕鹹怕辣的允嘉，都自己獨啃一大隻，不過我和鳥先生都覺得鴨翅比雞翅優。整理試吃心得的時候，意外發現漏記了雞腳，口味怎麼想也想不起來！

除了肉燥之外，以上滷味拿去給公公當下酒菜，他們一致覺得味道夠，不會死鹹，還說下次去旅遊時，要買去助興。因為對福哥的甜不辣實在是念念不忘，後來鳥先生還跑了一趟福哥外帶滷味，順便在裡頭用餐。店面賣的滷味和宅配的滷味不太一樣，店面賣的滷味就擺在攤頭，而宅配的滷味則放在透明冷藏冰櫃內。鳥先生點了乾麵、餛飩湯和一盤小菜，乾麵不錯吃，餛飩湯、豆皮、魯蛋和豬頭皮水準和一般麵店差不多，還是冷藏宅配滷味的口味比較特別！

木柵小謝煙燻滷味

這次試吃的是木柵小謝煙燻滷味，商品分為兩種，煙燻和無煙燻口味，因為滷味的份量不少，所以也請公婆和小叔一家人幫忙試吃。

賣家有附上價目表和食用說明，基本上都是開箱即食。雖然只是簡單的包裝，但看得出來賣家有用心，塑膠袋裡面多餘的空氣都會擠掉。

招牌煙燻蛋

在拍照的同時，允嘉就在旁邊等著吃招牌煙燻蛋，雖然煙燻味不重，但也算香Q入味，允嘉跟鳥先生覺得好吃，允嘉還馬上追加半顆，但我還是覺得蛋黃有點乾，不過這好像是滷蛋共通的缺點。

雞翅

雞翅肉多，肉質新鮮不硬，煙燻味蠻剛好的，鹹度算淡，完全不會鹹（感覺還可以撒點胡椒鹽），不是甜甜的那種口味。

雞腿

雞腿味道太淡，有點不夠味，肉質不軟不硬，允嘉一看到就說：「耶！我瘋狂吃皮的時間終於來了！」

鴨翅

鴨翅跟雞腿一樣味道偏淡，雖然色澤很夠，可能加點鹽提味會比較好。倒是小嬸本來就吃的很清淡，所以鴨翅和雞翅都很合她的口味，直說好吃！

雞腳

雞腳屬於肉厚型，嘗得出來蠻新鮮的，但對我們而言還是味道偏淡，小嬸吃來則是嘟嘟好。

接下來兩樣非煙燻口味的滷味，都有附上酸菜，賣家為了避免滷味變質，所以先將酸菜和滷味分開包裝，要吃之前再自行混合。酸菜給的份量不少，有點辣度，是鳥先生喜歡的那種，我則是比較愛帶點甜味的酸菜（類似下營滷味的那一種）。賣家還有建議，多餘的酸菜可以拿來拌麵條。

煙燻去骨鳳爪

煙燻去骨鳳爪獲得在場所有人一致的好評，皮Q夠味，有辣度，不過略乾，帶點醬汁會更佳。

鴨胗

鴨胗也是有附酸菜，口感有硬有軟，但大部份是軟的，口味中上。

脆腸

脆腸和鳳爪並列為今日試吃的第一名，脆腸新鮮度夠，嚼勁不錯，不會過硬也不用嚼很久。本來公公還打算留一些和朋友當下酒菜，但到了晚上才發現已經全被小叔打包走了。

誰是大贏家

小謝的煙燻滷味系列，除了去骨鳳爪之外，大致上都偏向清淡口味，小嬸很愛，但重口味的我們後來都自行撒上自家胡椒和Costco海鹽來加重口味，其實這時候最希望有下營滷味的辣椒醬加味最讚！至於非煙燻口味的脆腸和鴨胗，則是獲得公公的好評價，其中搭配的酸菜也加了不少分。

品名	包裝	口味	網友留言分享
台東風味滷	真空密封袋	不算重口味，糖心蛋、腰果、醬滷鈕釦菇是比較受歡迎的單品。	糖心蛋普遍評價都很高，其他滷味則是有好有壞，大多人都覺得口味偏甜一點點。
鴨喜露肉品專家	袋裝	鹹度適中滷汁有香，口感有點小乾，最推薦鴨骨類，可請直接詢問店家，盡享吮骨的樂趣！	網友TAMMY問過做鴨賞的人，一包100元已經切好的鴨賞幾乎都是蛋鴨做的，如果要買不是蛋鴨的，就要買一整隻用番鴨做的，只是會比較麻煩可能要自己切，不過那真的比較好吃！
福哥滷味	塑膠盒裝	味道重但不鹹，帶有辣度，每一種都有水準以上的表現，尤以甜不辣最令人驚豔。	回購率第一名為甜不辣，雞翅和鴨翅的評價居次。
小謝煙燻滷味	塑膠袋抽真空袋裝	煙燻味蠻剛好，但鹹度稍嫌不夠，其中兩個較夠味的脆腸及去骨鳳爪，較受好評。	網路上少見網友食後心得分享

information

大伙相招來團購！97年10月30日製表

品名	售價	運費	保存期限
台東風味滷	請見官網或請店家傳真訂購單	500元以下：150元 500～999元：70元 1,000元以上免運費 離島未滿3,000元自付 滿3,000元另計	冷藏5天
鴨喜露肉品專家	請見官網或請店家傳真訂購單	宅配訂購2,000元以上免運費	冷藏約5天 冷凍約10天 不建議加熱食用
福哥滷味	請見官網或請店家傳真訂購單	台北市 1,500元以下：200元 滿1,500元免運費 外縣市 滿1,000元：200元 滿2,000元：250元 滿3,000元免運費	冷藏約5天 冷凍約30天
小謝煙燻滷味	請見官網或請店家傳真訂購單	大台北地區店家多自行送達，外縣市則以宅配的尺寸為計價原則	冷藏2～3天 冷凍7天

店家資訊

台東風味滷
電話：089-310-099
　　　0988-383-030
　　　0955-946-693

鴨喜露肉品專家
網址1：http://www.duck168.tw
網址2：http://duck168.sgts.com.tw
羅東總店：羅東博愛住院大樓地下道前二家
電話：(03)953-0580
礁溪店：礁溪鄉溫泉路34號(礁溪火車站前150公尺)
電話：(03)988-7788
宜蘭店：宜蘭市新民路178號(宜蘭醫院邊中山路口)
電話：(03)933-4733
五結店：五結鄉五結路二段408號(五結十字路口)
電話：(03)950-5959

福哥滷味
網址：http://www.fu-ge.com.tw/
地址：台北市南京東路三段109巷12號
電話：(02)2505-7713

木柵小謝煙燻滷味
網址：http://goods.ruten.com.tw/item/show?11071126414188
地址：木新公有市場18號
電話：(02)2733-3316；0989-097-170

團購達人 真心話

不同於加熱滷味的湯汁燙口，宅配滷味都是收乾冷食居多。每家都標榜自家古法傳承，有焦糖、煙燻、醬燒等口味，各有所好，公公一向喜歡杯中物，每次全家齊聚一堂時，小叔也會陪公公來幾杯，這時滷味就發揮極佳的助興作用！不過以往算是便宜好吃的平民小吃，最近也加價不少，已無法像以前那般大手筆隨便買了。

絕品泡菜大對決

泡菜一向是開胃利器，無論是單吃、配飯或煮火鍋，各有不同滋味！尤以其低溫即可食用的方便性，就算在食慾不佳的夏季，也能適時發揮作用，讓你不自覺的動嘴！

本次收錄的3家泡菜，各有不同特色。不止口味全然不同，有一家還跳脫以往制式的色系，著實大開眼界！

慶家黃金泡菜
價格：160元
容量：500公克

特點 色澤與味道皆有別於一般的泡菜口味超獨特

Jack烘焙坊
私房手工泡菜
價格：500元／罐
容量：不詳

特點 菜葉很大片完整辣醬有著獨特的香

南橫陳大姐
招牌高山泡菜
價格：150元
容量：1公升

特點 便宜又大碗台式最為受歡迎

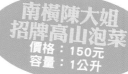

Jack烘培坊私房手工醃漬泡菜

私房手工

這次試吃的產品是「JACK烘培坊」的泡菜，泡菜和Jack自家的紗舞縭(SHABURI)泡菜鍋是同一款泡菜，聽到紗舞縭就應該知道

這泡菜價位不低，一瓶單賣500元，不定時會推出特價活動，像是兩瓶特賣796元。

泡菜算是大罐(容量不詳，目視約有慶家黃金泡菜兩倍大)，外包裝算是有質感，上層包裝紙上有列出賞味期限，但瓶身沒有，所以把紙丟掉後，就搞不清楚食用期限，這點需要改進一下。

依舊維持JACK質感的瓶裝，瓶身是塑膠的。一開封，就有香氣撲鼻，最上層積了不少辣椒醬，雖然看起來頗辣，但店家說這瓶僅是小辣程度(中辣和大辣沒吃過)。

泡菜都是一整條，很大片，大小形狀蠻一致的，感覺有精心挑選過。不會很酸，既不像韓式也不像台式泡菜，口味相當特殊，辣度中上，醃泡菜的辣椒醬非常好吃！

魔鬼甄的最愛！

JACK的私房手工醃漬泡菜讓我捨不得一次吃完！會想留下來分次慢慢品嘗。

由於泡菜太可口，捨不得一次吃完，好像壓箱寶似的留了一些，打算過些日子再享用。經過10天後的某一夜再吃，依舊可口美味，酸度有增加，但還是很適合單吃！後來我們也試著把泡菜加到湯裡面，湯頭美味瞬間提升，但泡菜卻一整個遜掉，口感變得沒那麼脆，尤其少了靈魂辣椒醬的附身，感覺不夠獨特，強烈建議只把泡菜汁加淋到湯頭裡，泡菜鋪在湯最上層，直接單吃才是王道！

慶家食品行黃金泡菜

黃金泡菜

這次的試吃商品是慶家食品行的私房珍釀系列，總共有4種商品，黃金泡菜、酢釀南瓜、酒釀蕃茄和XO醬，曾經在三立「草地狀元」中看過節目採訪。

店家宅配箱，附料理方法說明和宅配單，共有無料試吃盒和500公克禮盒裝，禮盒包裝精美。黃金泡菜開蓋後，沒有見到封膜，酢釀南瓜和酒釀蕃茄都有封膜。

黃金泡菜

這3樣商品裡面最讓我期待的就是黃金泡菜，賣家的DM上有說明黃金泡菜顏色的由來，不是因為人工色素，而是胡蘿蔔所致，放久了顏色還會自然轉紅。實際試吃後，感覺跟市面上的泡菜真的不太一樣，泡菜很有脆度，酸度很低，微辣，味道真的很特別，全家人都很愛。

後來也分了一些給學妹weiwei嘗嘗，她也說有別於一般的泡菜，很像豆腐乳的感覺，原本她收到時想拿來做泡菜鍋，不過因為直接吃味道很剛好，只好作罷，老實說，學姊家還有不少泡菜供著，下次要煮直接來冰箱取貨就對啦！

酢釀南瓜

酢釀南瓜，吃起來的味道有點接近情人果，帶點梅子醋的味道，雖然吃起來也是脆脆的，沒有青木瓜的漬物那麼清脆。

酒釀蕃茄

酒釀蕃茄，用的是小蕃茄，每顆好像都有剝皮，紅酒味不重，吃起來很像高級的蜜餞。賣家在DM上有標明醬汁可以1:1稀釋，即為香甜水果茶，實際試作後，覺得喝起來口味尚可，說不上喜歡！

鳥先生的最愛！

三家各有賣點，要看想吃的當下是月初還是月底來作選擇。

以上兩項單品，看起來很像蜜餞類的東西，基本上我是不太敢碰的，小試一口，全推給鳥先生負責試吃，這時就好懷念遠在美國的小姑，要知道她可是我試吃大隊的主力，少了她，試吃工作差點停擺！

南橫利稻陳大姐高山泡菜

南橫利稻陳大姐高山泡菜是看了中天電視「單車冒險故事」後才訂購的，特色在於使用海拔1,000公尺以上的高山高麗菜製成(非白菜)。這次我們訂了韓式及台式兩種口味的泡菜，及一罐醃脆蘿蔔。

韓式泡菜

兩種高山泡菜都有瓶身標籤，雖然瓶身上寫著有效日期另外標示，但我和鳥先生兩人找半天都找不到。

雖然說是韓式泡菜，但吃起來不太像，只有鹹鹹辣辣的，口味不甚優。

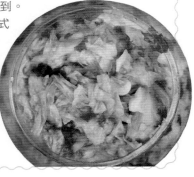

調味辣蘿蔔

調味辣蘿蔔的瓶身沒有商標，只有在瓶蓋上有成份和有效日期標示。醃蘿蔔非常甜脆，不會死鹹，還帶了一定的辣度，我愛！

台式泡菜

台式泡菜的酸度適中，再加上高山高麗菜的脆度加持，我和鳥先生都覺得很優，有點想去買臭豆腐來配個爽！

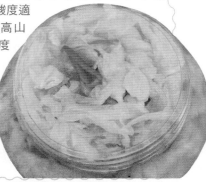

陳大姐的這兩罐高山泡菜，都裝得很滿，而且壓的很紮實，感覺上份量十足，沒有偷斤減兩。另外，在Google陳大姐高山泡菜時，意外發現陳大姐的花生糖的網路評價普遍都不錯。

店家資訊

Jack Bread傑克烘培坊
網址：http://www.shaburi.com.tw/jack_menu.html
地址：台北市民生東路四段80巷4號1樓
電話：(02)2718-0109

慶家食品行
網址：http://tw.myblog.yahoo.com/kimgad3357655
地址：台南市安平區中華西路二段357號
電話：(06)298-0766
營業時間：09:30～21:30(全年無休)

南橫利稻陳大姐高山泡菜
網址1：http://089938037.travel-web.com.tw/
網址2：http://0rz.tw/223xS
地址：台東縣海端鄉利稻村8號
電話：(089)938-037；0988-382-118
營業時間：07:00～19:00

誰是大贏家

品名	價格	尺寸	口味	網友留言分享
Jack烘培坊泡菜	500元／罐	一般	手工泡菜分小辣、中辣、大辣，菜葉很大片完整，辣醬有著獨特的香。	定位在較高檔的JACK私房手工醃漬泡菜，價格嚇跑了不少網友。有網友建議包裝降等，藉以節省成本壓低售價，拉近與消費者的距離。
慶家黃金泡菜	160元／500g	小瓶裝	色澤與味道皆有別於一般的泡菜，口味超獨特。	網友推薦拿來煮火鍋，會使湯頭變甜，好吃！不過小小一瓶要價150元，不少人都咋舌。
南橫利稻陳大姐高山泡菜	150元／1公升	大瓶裝	韓式和台式兩種，以台式較受歡迎，而且份量十足！	有網友開團買了不少，不過店家說韓式比較有可能折扣，醃蘿蔔因為是大罐的，很難再給優惠。

團購達人 真心話

如果撇開價位不談，Jack Bread的泡菜應該是目前為止我吃過最合口味的泡菜，試吃的時候，我和鳥先生都吃到停不了嘴，後來店家又送了中辣的來，直接拿回娘家進貢，媽媽雖然也直說讚，但對於價錢有點無法置信！

至於黃金泡菜吃起來的確蠻特別的，一開始看到它的色澤，老實說有點排斥，因為實在是和認知中泡菜的顏色差太多了！雖然名字取的響亮誘人，但真正看到實品時，心裡還是覺得怪，嘀咕了半天才動筷，叫小叔試吃時也是，他還直呼這是什麼噁心的東西！不過還好，出乎意料的好吃，得到不錯的評價。

information

呼朋引伴一起來！ 97年10月30日製表

品名	售價	運費	保存期限
Jack烘培坊泡菜	500元／罐	訂購兩罐以上，每罐特價398元；宅配運費由客人自付	冷藏5°C以下1個月
慶家黃金泡菜	160元／500g	10瓶 免運費 50瓶 130元／瓶	冷藏3個月
南橫陳大家招牌高山高麗泡菜、醃蘿蔔	150元／1公升	1～10罐：150元 11～24罐免運費 24罐以上有折扣 一律採貨到付款，不接受匯款	冷藏3個月

好呷到停不下來
吮指回味肉乾點點名

每次經過肉乾店，看到堆疊成山剛烤好的大片豬肉乾，其紅艷色澤及含汁的模樣，總令人大嚥口水。一口咬下，碳香、肉香、外加各種不同的調味，鹹甜適口，大人小孩通殺！

垂坤原味薄肉乾
價格：約450元/斤

★ **特點**　薄片型的肉乾
很像是不脆的肉紙
調味鹹甜適中

金門良金牛肉乾
價格：480元/斤

千翔蜜汁豬肉乾
價格：420元/斤

★ **特點**　有厚度的肉乾偏甜
肉質有硬有軟

★ **特點**　肉乾有帶筋
原味牛肉乾有一點點酒味
辣味牛肉乾為中辣程度
明顯比較乾
口感也略硬一點點。

千翔招牌厚片蜜汁豬肉乾

不少網友推薦南京東路的千翔肉乾,上網查了一下千翔肉乾的地址,其中一家分店就位於中華開發大樓隔壁的巷內,這條巷內也有不少美味小吃。千翔肉乾店內的肉乾種類很多,都有切小條狀提供客人試吃,我們最後帶了招牌蜜汁豬肉乾和芝麻杏仁脆片各一包。

鳥先生的最愛!
肉厚汁多的千翔肉乾,價格雖然不便宜,但還是比新加坡肉乾便宜。

招牌蜜汁豬肉乾由店員現場秤重裝袋後,直接密封再貼上食用日期標籤。肉乾表層裹了油亮亮的誘人蜜汁,小正方形的外觀,再加上0.4公分左右的厚度,看起來有點像一般常吃的黑色硬豆干。

關於千翔肉乾,我和鳥先生有不同的評價,鳥先生覺得吃來跟美珍香同樣好吃;而我個人感覺千翔肉乾雖然肉厚汁多,但肉乾的口感和調味表現平平。

肉乾油亮多汁,口味偏甜,從咬下的斷面還看得到豬肉一絲一絲的紋理,肉乾吃起來不算硬也不算軟,冷藏後的口感跟常溫差不多,不會變得特別硬。後來我們也試著烤幾片來試試,但烤過的口感並不會加分很多,這點和其他肉乾不太一樣。

知道允嘉也愛吃這種東西,當然也要分一些給他試試,他吃第一片時,很開心的跟爸爸說:「爸爸,我喜歡吃這個,我還要吃!」但第2片咬一口就退還給爸爸,原來是過硬的,有網友回報店家的說法,由於是用完整的肉下去做的,不是用碎肉,所以會因為肉的部位不同,而有軟硬的差別。下次選要買的話,得跟店員吩咐儘量挑軟的給我!

金門良金高梁牛肉乾&牛肉角

網路上查到比較有名的金門牛肉乾有兩家,一家是高坑牛肉乾,另一家則是這次團購的「良金高梁牛肉乾&牛肉角」。最近吃到的金門特產還真不少,而且還都跟金門高梁有關,高梁酒果然是金門產值最大的獨門武器。

牛肉角(原味)

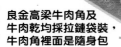

良金高梁牛肉角及牛肉乾均採拉鏈袋裝,牛肉角裡面是隨身包

良金高梁牛肉角及牛肉乾均採拉鏈袋裝,牛肉角裡面是隨身包,吃多少開多少。每包量不多,牛肉角有香,鹹鹹甜甜的,口感略乾但不會很硬,咬起來甚至有酥酥的錯覺,還算不錯吃。有三種口味包裝,原味(黃)、辣味(紅)、黑胡椒(紫)。

牛肉乾(原味)

牛肉乾有兩種口味,右下是原味牛肉乾,左上是辣味牛肉乾,從外觀看不出差異。原味牛肉乾有一點點酒味,口感較牛肉角濕軟,甜度比牛肉角略低。辣味牛肉乾,中辣程度,明顯比較乾,口感也略硬一點點,但不會差很多。

兩種肉乾都有帶筋。鳥先生覺得兩種口味都很好吃,價格也不算貴。對我來說牛肉乾薑味有點重,辣味的有一點點小辣,有比原味夠味一點。

蜜汁豬肉干

蜜汁豬肉干則非拉鏈袋裝,不過和牛肉角一樣是隨身包。乾乾的不會濕,口味一般般,沒有好吃的感覺。

牛肉乾和牛肉角都不錯吃,要大塊啃肉選牛肉乾,要方便輕食選牛肉角,至於蜜汁豬肉乾感覺比較一般般。除了金門本店之外,在官網上還有台北分店的資訊,大家也可以就近購買。

苗栗垂坤 原味薄肉乾

前一陣子和大學同學去南庄旅遊時，安琪帶了不少垂坤肉鬆店的產品來當晚上聊天喝茶的零嘴，大家都吃得很開心。某天要去高雄出差，小玉剛好在揪垂坤的團，馬上Order一包原味薄肉乾。

這包原味薄肉乾風塵僕僕，遠從苗栗寄到高雄，再輾轉送來台北。其實一拿到很失望，因為袋裝很大，但實際份量不到1/3，感覺很空。

原味薄肉乾，真的很薄片，只是口感還蠻軟的，不會有難咬的問題，用手撕也很好撕，很像是不脆的肉紙。不過鳥先生卻覺得這個厚度很尷尬，他覺得肉乾就是要厚才好吃，也挑剔他的軟度，嫌要硬不硬，要軟又不夠軟。

調味甜中帶點鹹，一次吃個3片還不到膩的地步。雖然這款肉乾被鳥先生打槍，家中3個小朋友倒是愛到不行，為免小孩自己吃，手油又到處摸把家裡弄的油膩，鳥先生只好預先準備一片一片來餵他們，「我要吃」、「我要吃」的不絕於耳。

垂坤肉鬆店裡除了肉乾好吃外，最受歡迎的應該屬零嘴系列。有幾項是我自己很愛的口味。

黑胡椒鬆餅

原以為它會有辣度，不適合小孩吃，沒想到這個比海苔口味更不鹹，而且鹹香中帶點甜，允嘉整個愛到不行！

海苔鬆餅

其實鬆餅不知為何沒在訂購單上出現，後來有網友回報，店家表示這不是主要商品，故購買金額不在免運費的計算中(甚至可能還要另收運費。吃起來口感比乖乖酥脆一點，配上熱茶超涮嘴，不過鳥先生覺得黑胡椒鬆餅口味更優。

原味鱈魚條

非常受歡迎的產品之一，每條體積約莫18x1.5公分，具有辣度跟韌度，但小叔覺得口感再硬一點會更好。

鳥先生嘗過之後其實沒多大反應，他覺得鱈魚條、鬆餅吃起來都差不多，這家產品並沒有多突出，但當他聽到售價之後，好感度驟升！

誰是大贏家

品名	價格	外觀	口味	網友留言分享

千翔招牌厚片蜜汁豬肉乾

招牌厚片蜜汁豬肉乾420元／1斤	小正方形厚度0.4公分左右	有厚度的肉乾，偏甜，肉質有硬有軟。	有人較推薦肉紙系列，如杏仁脆片肉紙。而港星成龍就是帶這家的肉乾回香港當伴手禮。	

垂坤原味薄肉乾

原味薄肉乾200元／265g	不規則狀裁減不平均有大有小	薄片型的肉乾，很像是不脆的肉紙。調味鹹甜適中，我覺得ok，不過鳥先先很不愛。	推薦嬰兒／海苔肉鬆、剝皮辣花生、黑胡椒鱈魚切片、檸檬辣肉乾、蜜汁肉乾、素香菇素蹄、麻辣鱈魚條等，不過也有網友反應這一年多漲價漲的很誇張，一樣的包裝東西變得很少，雖然好吃 可是吃完覺得很空虛。	

良金高粱牛肉乾

高粱牛肉乾、豬肉乾、牛肉角、豬肉角200元／250g	一般尺寸	肉乾有帶筋，原味牛肉乾有一點點酒味，辣味牛肉乾為中辣程度，明顯比較乾，口感也略硬一點點。	住在新加坡的網友說，因喜歡新加坡的美珍香，沒有想過要在這裡買肉乾，不過我家挑嘴的先生很喜歡吃金門高粱肉乾。	

店家資訊

千翔肉乾
網址：http://sh2.yahoo.edyna.com/csfc/index.asp
網路門市電話：(02)2768-4001
營業時間：10:00～18:00(週一～週五)
(只接受網路訂購，並且提供郵寄服務；尚有兩間實體店面，請自行上網查閱)

垂坤肉鬆店
網址：http://hipage.hinet.net/chuikun/
地址：苗栗縣苑裡鎮大同路88號
電話：(037)867-840
營業時間：07:00～21:30

金門良金牛肉乾
網址：http://www.5657.com.tw/liangjin/d04.htm
地址：金門縣金湖鎮漁村28-1號
電話：(082)335-886、331-883
台北分店
地址：龍山寺地下一樓11號
電話：(02)2302-1422、0980-218-208

information

呼朋引伴一起來！ 97年10月30日製表

品名	售價	運費	保存期限
千翔肉乾	招牌厚片蜜汁豬肉乾420元／1斤	本島3,000元以下：100元3,000元以上：免運費 離島一律350元運費	常溫7天冷藏30天
垂坤肉鬆店	原味薄肉乾200元／265g	1,500元以下：120元1,500元以上免運費	1個月
良金畜牧場	高粱牛肉乾、豬肉乾、牛肉角、豬肉角200元／250g	3,000元以下：250元3,000元以上：免運費	100天

團購達人 真心話

除了國產的肉乾外，頗富盛名的新加坡的肉乾很不錯吃，但是價位頗為嚇人。平常想吃，還是台灣的國貨尚青，也比較合乎消費。除了文中介紹的這3家肉乾，家裡也有收過金龍、快車及江記華隆，也都有一定的水準。

吉祥好彩頭
軟綿綿的港式蘿蔔糕

逢年過節時,婆婆常會自製蘿蔔糕應景。自從我們這代開枝散葉後,她煮東西更加周到,通常都會準備兩份,給孫子吃的不辣版,給成人吃的香辣版,而自家現磨的胡椒粉就是成人版的關鍵。蘿蔔糕切片加熱即可食用,方便又飽足,可當正餐亦可當點心,口感軟綿易入口,很受孫子們的歡迎。

Amy的港式點心
之家蘿蔔糕
重量:2台斤
價格:100元

口感 有蘿蔔味,中間混雜絞肉和油蔥,口感偏軟。

幸福の味
正宗港式蘿蔔糕
重量:2台斤
價格:250元

口感 吃下去有蝦米和臘腸的鹹香味,口感極軟。

港式點心之家 Amy的

這是好友Kiki辦公室回購率最高的商品之一,店家位在苗栗,商品不少,不過大家每次揪團都專訂蘿蔔糕和芋頭糕,可見這糕的確有過人之處。

kiki辦公室推薦的芋頭糕,一盒100元,最上面有撒油蔥、蝦米。側面可見芋頭、細油蔥和細絞肉。到貨當天晚上就切了兩片,直接吃了一片,芋頭本身就有鹹淡,有彈性但口感偏軟,單吃不沾醬就很好吃,吃的到芋頭顆粒,顆粒不算多也不算少。

蘿蔔糕也是一塊100元，大小同芋頭糕。蘿蔔糕很有蘿蔔味(婆婆和鄰居很愛～)，中間混雜很細很細的絞肉和油蔥，口感也是偏軟。

各拿了一片加蛋煎，煎過後的口感有比較好一點，因為芋頭糕本身就有味道，建議單吃即可，不須沾醬油膏，蘿蔔糕則是加或不加醬皆可，全憑各人喜好。

隔天剩下來的蘿蔔糕，婆婆煎給菜市場的左鄰右舍品嘗，大家頗有好評，還邊吃邊討論著：

「這蘿蔔糕怎麼可以做的口感這麼軟，但卻不會爛爛糊糊的？」菜市場內婆婆媽媽自己做出來的口感會比較Q一點。

除了協助與老闆聯絡之外，kiki還分享大夥的食後感供我參考，有其他同事反應過蘿蔔糕過軟的問題，她建議冰過一天再煎，口感就會比較適中，經過實際驗證後，我們是覺得口感相差無幾，但由於這個口感我們還能接受且喜歡，所以下次有機會還會再訂。

幸福の味 正宗港式蘿蔔糕

這次試吃的商品是「幸福の味正宗港式蘿蔔糕」，賣家送試吃的蘿蔔糕來時，剛好公公和菜市場的叔叔伯伯們在樓下喝酒聊天，現場試吃的評價很兩極化。

這家標榜是飯店廚師的手藝，但只要飯店售價的一半。官網上有詳細的尺寸大小描述：圓面積(上圓約7吋／下圓6吋)、高度約6公分、重量約2台斤。

這次的蘿蔔糕我覺得還不錯，公公說蝦米吃得出來是用好貨，但有些菜市場長輩們則不太能接受，我想應該是因為臘腸的味道吧！

魔鬼甄與鳥先生的最愛！

這兩家都算是淡口味，不錯吃。但婆自製含料的辣味蘿蔔糕（蘿蔔絲、紅蔥頭、肉末等），更夠味！

煎得酥酥的話，很像在港式飲茶點的蘿蔔糕，外酥內軟帶點化掉的口感，軟度又比「Amy的港式點心之家」的蘿蔔糕還軟，吃下去有蝦米和臘腸的鹹香味，蠻順口，完全不用沾醬油。後來試著蒸來吃，我和允嘉兩個人也吃得很開心，我吃上層有料的，允嘉專攻下層沒料的，就這樣你一口我一口，母子倆竟也把剩下的一大塊吃完！

店家資訊

Amy的港式點心之家
網址：http://tw.myblog.yahoo.com/ceves60/
地址：苗栗縣後龍鎮東明里7鄰110-13號
電話：0933-543-920（紀鴻文）
　　　0933-544-659（勞惠美）

幸福の味正宗港式蘿蔔糕
網址：http://www.blest.com.tw
地址：台北縣三重市大同北路187號
電話：0933-817-646(李先生)
　　　0935-358-336(吳先生)

誰是大贏家

允嘉的最愛！

沒料的潔白蘿蔔糕，才符合我的需求。

品名	價格	尺寸	口味	口味
Amy的港式點心之家蘿蔔糕	100元	方型／2台斤	一般塑膠盒	偏軟，內含肉末和細油蔥
幸福の味正宗港式蘿蔔糕	250元	圓型／2台斤	禮盒裝	偏軟，入口即化，上層有蝦米和臘腸

information

呼朋引伴一起來！　97年10月30日製表

品名	售價	運費	保存期限
Amy的港式點心之家蘿蔔糕、芋頭糕	100元／2台斤	訂購滿2,000元以上一律免運費；未滿2,000元運費150元	冷藏4天
幸福の味正宗港式蘿蔔糕	250元／2台斤	120元（宅配通的低溫宅配），滿10盒免運費	冷藏7天

團購達人 真心話

這次拍照真是害慘鳥先生，因為會弄得滿手油。說真的，這年頭維持生意真的相對困難，尤其原本有限的利潤，在高油價致使成本提高的情況下，經營更顯困難，「Amy的港式蘿蔔糕之家」的份量跟早餐店的蘿蔔糕相比，非常超值！而「幸福の味正宗港式蘿蔔糕」，則有網友反應口味跟知名飯店的有得比，但價格只要一半，打算買來送禮，只能說時機歹歹，看緊荷包才是真。

聰明使用折價券 Coupon

豐富的內容，當然要搭配豐富的團購折價資訊才有看頭！買團購美食GO Part3的讀者有福了！本書為給讀者更多優惠，特別與數家業者合作，提供比一般店家現有折扣更加優惠的條件給讀者，讓大家一書在手，團購跟著走！（每一折價券限用一次！）

如何使用折價券？

方法 1 在辦公室或家裡電話詢問、傳真訂單

不會上網、不想上網，又想買美食？沒問題！一通電話，請店家傳真訂單，並將書上所附的折價券一併傳真給店家，照樣可以得到優惠！在辦公室跟幾個好朋友，選東挑西，三兩下就成團；在家裡樓上揪樓下、阿公叫阿媽、左鄰右舍大家一起來，三兩天後，一箱箱美食宅配到府，大夥開箱樂淘淘！

Step 1 打電話給店家，請店家傳真訂購單資料

Step 2 與親朋好友一起討論，最好湊到免運費或有優惠的門檻。

Step 3 連同折價券及訂購單回傳給店家，匯款後，店家確認收到款項，就準備出貨。

Step 4 在家等宅配上門囉！

方法 2 上ihergo合購網直接線上訂購

http://www.ihergo.com
合購團購力量大！
1. 幫你找人一起合購的網站！
2. 辦公室團購的統計小幫手！

請直接輸入活動網址（http://www.ihergo.com/stores/dj），就可進入活動頁面瀏覽此次配合的所有折價商店。在商店頁面點選「立即訂購」或「發起合購」後輸入折價券編號，即可直接線上訂購喔！

方王媽媽堅果饅頭　*Coupon*

憑券下訂單後5日左右到貨（不含假日）

編號：y85VFsXFDyV6j3
電話：(02)2225-5663
傳真：(02)2221-7507
有效期限：97/12/1～98/3/31

蕃茄主義 限量贈書　*Coupon*

凡購買滿1,500元以上之商品，獲贈《我的番茄主義～21道輕鬆自學義式佳餚》一書(價值250元)，數量有限，送完為止。

編號：KYRVrD6kmlwbE1
電話：(02)22150788
傳真：(02)22150817
有效期限：97/12/1～98/3/31

一之軒 折價400元 (20盒)　*Coupon*

(8入綠豆冰糕原價120元，特價100元。若寄送同一地址購滿20盒即再送1盒。)

編號：Fs6gv1DvY228sm
電話：(02)2362-0425
傳真：(02)2362-2625　有效期限：97/12/1～98/2/28

天使雲呑 折價120元　*Coupon*

(刀具滿1,200元或惡魔小魚乾滿1,200元 折價120元+免運)

優惠500元

(限天使雲呑購滿5,000元 加送兩盒(即500元)+免運費)

編號：50WrbY6924g73s
電話：0928-909-365　有效期限：97/12/1～98/3/31

Amy的港式點心之家蘿蔔糕 *Coupon* 折價200元

(購物滿2,000元以上，折價200元，再加免運費！)

編號：U2F46N261NJI8w
電話：0933-543-920、0933-544-659
傳真：(037)433-042
有效期限：97/12/1～98/3/31(註：1/18～2/1下單不適用此券)

順謚健康蛋糕 折價150元　*Coupon*

(憑券現場購買，蛋糕原價130元／個，現折30元，最多購買5個，1個蛋糕折30元，5個折150元，需電話事先預約)

編號：F91676RG2M87To
電話：(02)2679-2908、0938-362-351
傳真：(02)2679-4948　　　　　　有效期限：97/12/1～98/3/31

盛發芒果乾 折價270元　*Coupon*

(購物滿3,000元以上，折價270元，再加免運費！)

編號：QR136cn2S6j6L6
電話：(06)574-2932
傳真：(06)574-6132
有效期限：97/12/1～98/3/31

慶家食品行 折價100元　*Coupon*

(購物滿1,000元，即折100元)
10瓶以上免運費，10瓶以下運費150元。

編號：v8gg68GTR7V92N
電話：(06)298-0766
傳真：(06)297-1591
有效期限：97/12/1～98/3/31

泉利米香 送300元贈品　*Coupon*

(購物滿3,000元，贈300元商品+免運費)

編號：ms89Qjy7V0q204
電話：(02) 2423-1698
傳真：(02)2428-0183
有效期限：97/12/1～98/3/31
(97/12/27～98/1/31不適用此券)

依蕾特布丁 折價120元 (6盒)　*Coupon*

(團購經典布丁奶酪系列6盒原價2,280元（含運），現抵120元)
剛好6盒或6的倍數均可抵。

編號：ga045u247IGA55
電話：0800-300600、(06)291-6916
傳真：(06)291-7000
有效期限：97/12/1～98/3/31

香帥蛋糕 折價200元　*Coupon*

(購物滿2,000元，折價200元+免運費)

編號：QVC9IiJw6e7PU4
電話：(02)2648-6558
傳真：(02)2643-1724
有效期限：97/12/1～98/3/31
(97/12/27～98/1/31不適用此券)

阿布丁丁—府城烤布丁　*Coupon*

府城烤布丁原價250元優惠價200元，布丁奶泡芙原價$250元優惠價200元，旺來碰(鳳梨酥)原價360元優惠價300元，樂活派(千層酥)原價180元優惠價150元。4盒(含)以上出貨即搭贈公仔1支，凡合併出貨達11盒另加送一盒樂活派(千層酥)。

編號：WV42672POgd9yy
電話：(06)510-6888
傳真：(06)510-6868　　　　　有效期限：97/12/1～98/3/31

U0024790

Coupon

方王媽媽堅果饅頭

Coupon

天使雲吞

Coupon

一之軒

Coupon

順謚健康蛋糕

Coupon

Amy的港式
　　點心之家蘿蔔糕

Coupon

慶家食品行

Coupon

盛發芒果乾

Coupon

依蕾特布丁

Coupon

泉利米香

Coupon

阿布丁丁——
　　府城烤布丁

Coupon

香帥蛋糕

Coupon